WESTLAND
SEA LYNX

Ulf Kaack/Sönke Nielsen

Motor
buch
Verlag

Einbandgestaltung: Joachim Schreiber

Bildnachweis:
Sönke Nielsen: 7o, 8/9, 23ur, 47ur, 50, 51, 52, 53, 54, 55, 61, 63u, 67ol, 68, 90o, 121u, 122ol, 122m, 123ul, 123ur, 128, 131o, 134/135, 136o, 137, 138, 139u, 140, 142, 143, 146/147, 153u, 196, 155, 158o, 163, 166, 167u, 168, 169, 170o, 174, 175o, 193, 199, 206/207, 220, 221
Ulf Kaack: 6ur, 11, 12o, 14u, 37o, 44o, 69ul, 83, 90u, 94/95, 96, 97o, 97m, 99u, 118/119, 120, 121o, 121m, 122or, 122u, 123o, 123m, 126u, 130, 132, 136u, 137ol, 139o, 140ol, 141, 144, 145, 148, 149, 159o, 152, 153o, 156, 157, 158u, 159, 160, 161, 162, 164, 165, 167o, 170u, 171, 172, 173, 175u, 176, 177, 202, 210, 11u, 213o, 216u
Bungert55: 58ml
Markus Gawlitza: 4/5, 43, 44u, 47ul, 56/57, 65, 66, 69ur, 71u, 72, 73, 74, 75, 76, 77, 78, 79, 80u, 81, 82l, 87u, 91, 93, 119ur, 133
Jan Adam: 108
Michael Gallagher: 58or
Oliver Brooksbank: 16/17
Tom Kistenmacher: 195u
Lars Kroggel: 13o, 98ol, 150u, 151
Manuel Miserok: 192/193, 198
Hans Petter Midttun: 183u
David Nolan: 67or
Mark Nielsen: 15
Jan Pahl: 10, 88, 102/103
Dr. Stefan Petersen: 64/65
Dieter Sandforth: 182o
Fabian Schüler: 100
Christoph Seidel: 40/41, 87o, 109, 126or, 129, 138u, 154
Marcus Sievertsen:12u, 92, 98u, 109, 116ur, 117
MCS Vincent Street: 84u
PIZ/Julia Kelm: 6o, 99o, 200/201, 203, 204, 205, 217o
PIZ/Sascha Linkemeyer: 178/179
PIZ Marine/Archiv Deutsche Marine: 6ul, 7u, 13u, 14o, 38, 39o, 42o, 45u, 46, 48/49, 58, 59o, 60r, 62, 63o, 67ur, 69o, 85, 86, 89, 97u, 98or, 101, 103, 109, 110, 111, 112u, 114, 115, 125/126, 127, 184, 195o, 208, 209o, 212o, 214u, 215u, 217u, 218m, 218u, 219

Archiv AgustaWestland: 25, 26, 27, 45o
Archiv Aeronauticum: 30, 31, 33u, 34, 36, 59u, 70, 82r, 126ol, 211o, 212u, 213u, 214o, 215o, 218o
Archiv MFG 5/3. Staffel: 42u, 47o, 49ru, 104, 105, 106, 107, 216o, 109, 112o, 131u, 180, 181, 182u, 183o, 184, 185, 186, 187, 188, 189, 190, 191, 201r, 207r, 209u
Archiv Hubschrauber Museum Bückeburg: 24, 25o, 26, 27o
Archiv Japan Maritime Self-Defense Force: 28/29, 116o, 116ul
Archiv Leonardo/Westland: 40, 78/79, 81, 86, 128o
Archiv Peter Kurze: 35
Boeing: 39u
Royal Navy: 60l, 113
Sammlung Neuber: 37u
US Navy: 31ur, 71o, 80o,
Westland/Kolorierung Sönke Nielsen: 18, 19, 20, 21, 22, 23, 24

Umschlag/Vor u. Nachsatz: Sönke Nielsen

Literaturverzeichnis und Quellenangaben :
Archiv Deutsches Luftschiff- und Marinefliegermuseum Nordholz AERONAUTICUM, Nordholz. Archiv Hubschraubermuseum Bückeburg. Chronik 3. Staffel MFG 5. Pri¬vatarchive Hermann Neuber und Ernst-A. Schneider. Brembach, Hellmuth: Adler über See – 50 Jahre deutsche Marineflieger, Stalling, Oldenburg/Hamburg, 1962. Christiansen, Friedrich: Seeflieger über allen Meeren, Verlag für Volkssturm, Wehr und Wirtschaft, Berlin, 1934. Deutsches Marine Institut: Marineflieger – Von der Marineluftschiffabteilung zur Marinefliegerdivision, Mittler, Herford, 1988. Deutsches Maritimes Institut: 100 Jahre Marineflieger. Mittler, Hamburg, 2013. Howard, Lee: Westland Lynx – 1976 to present, Haynes Publishing, Sparkford, 2016. Kaack, Ulf: Deutsche Marineflieger 1913 bis heute, Motorbuch, Stuttgart, 2021. Kaack, Ulf: Die Flugzeuge und Hubschrauber der Mari¬ne – 100 Jahre Marineflieger, GeraMond, München, 2013. Kaack, Ulf: Die Marineflieger der Bundeswehr – Piloten und ihre Maschinen, Mittler, Hamburg, 2018. Kaack, Ulf u. Nielsen, Sönke: Sikorsky Sea King, Motorbuch Verlag, Stuttgart, 2021. Neuber, Hermann: Die fliegenden Retter, Fischer, Göttingen, 1972. Diverse Ausgaben der Publikationen von Flug Revue, Ma¬rine, MarineForum, Rotorblatt, Soldat und Technik, Leinen los und Wehrtechnik.

ISBN: 978-3-613-04508-8 - Copyright © by Motorbuch Verlag, Postfach 103743, 70032 Stuttgart.
Ein Unternehmen der Paul Pietsch-Verlage GmbH & Co. KG

1. Auflage 2023

Gestaltung der Einlage: Horst Pawlikowski, Farbsatz Mediengestaltung, Weyhe
Lektorat: Alexander Burden, Korrektorat: Harald Focke
Druck und Bindung: Conzella, 85609 Aschheim-Dornach, Printed in Germany

Sie finden uns im Internet
unter www.motorbuch.de

Inhalt

Vorwort 4
Fregattenkapitän Carsten Holtgreve

Im Fokus: Sea Lynx Mk 88/88A . . . 8

Die Westland-Story 16

Bordflieger
und U-Bootjäger 28

MU 90, M3M, Skua …
– Lynx-Armierungen 40

Einblicke:
Cockpit und Sonarkonsole 48

Fregatten
und weitere Einsatzplattformen . . 56

Lynx-Pilot mit Leib und Seele 64

Ortungsmeister:
Alleskönner von Beruf wegen 94

Fliegen, wo die Flotte fährt -
die DNA der Sea Lynx 102

Expertenrunde:
Die Technische Staffel Mk88A . . 118

Farbgebung, Noseart,
Sonderlackierungen 124

Preflight-Check
in der Halle Bravo 134

Fregatte „Bayern“:
Bordfliegerei hautnah 146

Historie der 3.Staffel
des MFG 3 „Graf Zeppelin“ 178

Flugunfälle – den höchsten
Sicherheitsstandards zum Trotz . 184

Generationswechsel:
Von der Lynx zum Tiger. 192

Wenn der Pilot am Boden steht –
Sea Lynx en miniature 200

Sea Lynx-Stammbuch
der Deutschen Marine 206

Die Autoren und ihr Dank 220

Glossar 222

Blick aus dem Cockpit einer Sea Lynx, dem Schweizer Taschenmesser der Deutschen Marine, auf das Flugdeck der „Bayern", wo gerade eine HAL Chetak der indischen Seestreitkräfte startklar gemacht wird.

Vorwort

Fregattenkapitän Carsten Holtgreve

Liebe Leserinnen, liebe Leser,

Die Westland Sea Lynx einfach nur als einen leistungsfähigen und vielfältig einsetzbaren Kampfhubschrauber zu bezeichnen, würde zu kurz greifen. Die Mk 88A und ihr Vorgänger Mk 88, wie sie bei den Marinefliegern seit 1981 zum Einsatz kommen, sind ein ausgefeiltes Waffensystem, das sein volles Leistungsprofil vor allem im Verbund mit den Fregatten der Deutschen Marine entfaltet. Ihre primären Einsatzzwecke sind sowohl die U-Bootjagd als auch die Überwasser-Seekriegsführung mittels Sensoren, Torpedos und Maschinengewehr, bis 2012 auch mit dem Seezielflugkörper Sea Skua. Flankiert wird dieser taktische Erstauftrag von den Aufgabenstellungen Such- und Rettungsdienst im Seeverband, dem Verbringen von Boarding- und Spezialeinsatzteams in maritimen taktischen Lagen sowie Transport- und Verbindungsflügen.

Als die 3. Staffel des MFG 3 „Graf Zeppelin“ unter dem Kommando von Kapitänleutnant Arno Jahn am 1. Oktober 1981 feierlich in Dienst gestellt wurde, begann für die Deutsche Marine – damals noch Bundesmarine – eine neue Ära. An diesem Tag wurden im Rahmen des Festakts mit Geschwadermusterung auch die ersten drei Vorserien-Hubschrauber vom Typ Westland Sea Lynx Mk 88 übergeben.

Der Indienststellung war ab Mitte der 70er-Jahre – meist hinter den Kulissen – ein enormer Kraftakt vorangegangen.

Fregattenkapitän Carsten Holtgreve, Kommodore des Marinefliegergeschwaders 5.

Ganz am Anfang stand die konzeptionelle Entwicklung des integrierten Fregatte-Hubschrauber-Waffensystems, gefolgt von den langwierigen dafür erforderlichen Entscheidungsprozessen innerhalb der Verteidigungsstrategie Deutschlands und seiner Bündnispartner. Hintergrund war seinerzeit die kontinuierlich wachsende Bedrohung durch U-Boote des Warschauer Pakts. Von vornherein war klar: Dies ist keine verteidigungspolitische Insellösung oder ein nationales Prestigeprojekt, sondern eine Bringschuld innerhalb der Nato-Verteidigungsallianz.

Neben der Beschaffung und Spezifizierung unserer Lynx-Maschinen galt es, die dafür erforderlichen U-Jagd-Fregatten der Bremen-Klasse zu entwickeln und zu bauen. Ein Mammutprojekt. Wir Marineflieger waren mit der Aufgabe konfrontiert, sämtliche technischen, räumlichen und logistischen Voraussetzungen für den reibungslosen Lynx-Betrieb zu schaffen. Hinzu kam die Ausbildung der damals noch ausschließlich männlichen Piloten und Ortungsmeister, des gesamten technischen Personals sowie die Schaffung einer eigenen Ausbildungskomponente für Technik, Taktik und Flugbetrieb.

Über die folgenden vier Dekaden hinweg haben sich die Sea Lynx und die deutschen Marineflieger um sie herum auf zahlreichen Einsätzen und Manövern rund um den Globus hervorragend bewährt. In aller Regelmäßigkeit haben wir das Waffensystem modernisiert und gleichzeitig die Qualifikationen unseres Personals den aktuellen Erfordernissen angepasst. Als wichtige Meilensteine benenne ich an dieser Stelle die Kampfwertsteigerung von der Version Mk 88 auf Mk 88A, die Einführung und ständige Weiterentwicklung der Ausbildung in unserem Simulator-Trainingszentrum und letztlich 2012 die Überführung der 3. Bordhubschrauberstaffel im Zuge der Umstrukturierung der Marineflieger vom MFG 3 „Graf Zeppelin" in das von Kiel nach Nordholz verlegte neue MFG 5. Und es waren, das darf an dieser Stelle nicht vergessen werden, auch Unfälle zu verzeichnen, bei denen zwei unserer Kameraden ihr Leben verloren.

Begleitet von Höhen und Tiefen fiel den deutschen Seestreitkräften in den vergangenen 100 Jahren hinsichtlich der Bordfliegerei und der Hubschrauberentwicklung international häufig eine Vorreiterrolle zu, wie die beiden Autoren in ihrer historischen Betrachtung an späterer Stelle

Lynx-Parade vor der Halle Bravo auf dem Marinefliegerhorst Nordholz.

Unten rechts: Im hochmodernen Simulator-Trainingszentrum können alle denkbaren praktischen und taktischen Einsatzszenarien sowie Notverfahren realitätsnah trainiert werden.

noch berichten werden. Dabei sehen sich die Soldatinnen und Soldaten unserer 3. Bordhubschrauberstaffel sowie das Personal der zugehörigen technischen Schwesterstaffel ebenso stark verwurzelt in der Tradition ihrer britischen und US-amerikanischen Kameraden bei der Fleet Air Arm der Royal Navy und der US Navy. Hier liegen die technischen und taktischen Wurzeln jener Auftragsstellung, die sie jeden Tag erfüllen.

Bei aller Technik, Politik und Geschichte stehen bei den Marinefliegern immer die Menschen im Fokus. Denn die sind es, die am Ende alle an ihrem Platz kämpfen. Neben dem fliegenden Personal sind es die „Technik“, Meteorologinnen und Meteorologen und Feuerwehrleute, die Frauen und Männer bei der Flugsicherung im Tower, in der Flugplanung, der Logistik und in den Stäben, die in den vergangen vier Jahrzehnten tagtäglich den Betrieb der Helikopter für die Flotte sicher gestellt haben. Etwa 300 Soldatinnen und Soldaten und ziviles Personal halten die Sea Lynx auf dem Marinefliegerstützpunkt Nordholz und im Einsatz an Bord der Fregatten in Schuss.

Die Marineflieger des MFG 5 sind immer auch erfahrene und begeisterte Seeleute. Als „fliegendes Vorauskommando“ der Fregatten sind sie oftmals monatelang innerhalb eines Schiffsverbandes in gleich drei Dimensionen eingesetzt. So mancher Sturm will dabei abgewettert werden – im rauen Atlantik ebenso wie in tropischen und arktischen Gewässern. Es ist schon eine einzigartige Konstellation, wenn sich die Marineflieger in die Gesamtheit der Schiffe integrieren, damit sie ihren vollen Kampfwert entfalten können. Räumliche Enge an Bord, Seegang und lange Abwesenheit von zu Hause sind die Begleiterscheinungen dieser Auftragserfüllung an den Außengrenzen unserer Verfassung. Seebeine und ein robuster Magen gehören bei den seefahrenden Fliegern zur Grundqualifikation.

Ende 2026 soll unsere Sea Lynx – das fliegende Schweizer Taschenmesser, wie wir sie nennen – in ihren wohlverdienten Ruhestand gehen. Die neue Ära ist bereits eingeläutet, der NH 90 MRFH, Multi Role Frigate Helicopter, Sea Tiger wird unsere 22 Einheiten der Mk 88A ersetzen. Bei dem Wechsel auf den modernen Nachfolger schwingt zwar etwas Wehmut mit, gleichermaßen aber auch Begeisterung für den bevorstehenden technischen und operativen Quantensprung durch die hochmoderne Sea Tiger.

Wir wollen in der Tradition der Bordflieger sicherstellen, dass die seegehenden Einheiten der Flotte den höchsten Kampfwert beigestellt bekommen, den wir ermöglichen können. Dazu braucht es jede Frau und jeden Mann, hochmotiviertes Personal, das mit unseren leistungsstarken Bordhubschraubern auf See wirken will und kann. Zum Wohl unseres Landes. Die taktische Tradition unserer Sea Lynx weist uns hier den zu gehenden interessanten, aber arbeitsintensiven Weg. Ich wünsche uns dabei die besten umsetzbaren Ideen, Durchhaltefähigkeit und uneingeschränkten Dialog mit der Flotte, um den künftigen Herausforderungen unserer kollektiven Sicherheit mit Vehemenz zu begegnen. Bringen wir das Gefecht auch künftig zum Gegner!

Fregattenkapitän Carsten Holtgreve
Kommodore Marinefliegergeschwader 5
Nordholz im April 2023

Der Generationswechsel von der Sea Lynx Mk 88A zum NH 90 Sea Tiger - abgebildet die Version Sea Lion - ist eingeleitet.

Vielseitig und wandlungsfähig: das Waffensystem Sea Lynx erfordert Teamplay, kann dabei in verschiedene Rollen schlüpfen.

Beschafft wurde das Waffensystem Westland Sea Lynx für das Aufklären und Bekämpfen feindlicher U-Boote im Verbund mit den Fregatten der Deutschen Marine.

Im Fokus: Sea Lynx Mk 88/88A

Mit Indienststellung der U-Jagd-Fregatten der Bremen-Klasse begann Anfang der 80er-Jahre die Ära der waffentragenden Bordhubschrauber Sea Lynx. Seither sind sie integraler Bestandteil aller Fregattenklassen der Flotte, im Einzelfall auch an Bord der Einsatzgruppenversorger. Kernaufgaben der Helikopter: U-Bootjagd, Aufklärung sowie die Bekämpfung von Überwasser-Seezielen. Die Deutsche Marine hat den Sea Lynx im Laufe der Jahre regelmäßig modifiziert und kontinuierlich auf dem neuesten technischen Stand gebracht. Auf den folgenden Seiten die aktuelle Variante Mk 88A im kompakten Überblick.

Von ihrem Ursprung her entwickelte der britische Hersteller Westland die Sea Lynx als leichten, von zwei Triebwerken angetriebenen Mehrzweckhubschrauber für den militärischen Einsatz über Land und See. Am 21. März 1971 absolvierte ein Prototyp seinen Erstflug, 1977 erhielten die Heeresflieger der British Army die ersten Exemplare. Der Typ Mk 88A des MFG 3 „Graf Zeppelin" entspricht in seiner Ausführung weitgehend dem späteren HAS Mk 8 der Royal Navy.

Dort fanden die Maschinen hauptsächlich an Bord von Hubschrauber- und Flugzeugträgern, Fregatten und Docklandungsschiffen Verwendung, bewährten sich außerdem während des Falklandkriegs im „scharfen Einsatz". 2018 musterten die Engländer ihre letzte Lynx aus und ersetzten sie durch den kampfkräftigen Nachfolger AgustaWestland AW159 Wildcat.

Für das Fliegen über der offenen See und dem Landen an Bord von Marineschiffen ist die Sea Lynx optimal konzipiert. So kann sie auf sehr beengten Flugdecks des englischen Type 42-Zerstörers landen und mit zusammengefalteten Rotorblättern passt sie platzsparend in den Hangar der Fregatten und Einsatzgruppenversorger. Bei den britischen Varianten war sogar der gesamte Heckausleger abklappbar. Zwecks Gewichtsersparnis ist der Rumpf in Gemischtbauweise und das Hecksegment komplett aus Luftfahrzeugaluminium hergestellt.

Sea Lynx unter deutscher Flagge

1981 bestellte die Bundesmarine in einem ersten Los zwölf Westland Lynx HAS Mk 2, die bei den deutschen Seestreitkräften fortan die Typbezeichnung Sea Lynx Mk 88 trugen. Der Stückpreis lag seinerzeit bei 23 Millionen D-Mark. Es folgten zwei weitere Lose, so dass ab Februar 1989 insgesamt 19 Maschinen einsatzbereit waren. Sie verteilten sich auf acht Fregatten, waren im Trainings- und Ausbildungsbetrieb eingesetzt, nahmen zeitweise SAR-Aufgaben wahr und durchliefen die üblichen Instandhaltungsintervalle.

Mit der Indienststellung der vier Fregatten der Brandenburg/F 123-Klasse ergab sich ab 1994 eine neue Situation für die Deutsche Marine. Auch diese Waffensysteme sollten über Bordhubschrauber verfügen. Außerdem zeichnete sich der Bau weiterer Fregatten ab. Was war zu tun? Die Stückzahl war generell zu gering für zwölf Fregatten, zumal zwei Lynxe durch Totalverlust nicht mehr zur Verfügung standen.

Militärische Luftfahrzeuge haben in der Regel eine Lebensdauer von 20 bis 25 Jahren, Hubschrauber wegen der hohen mechanischen Beanspruchung eher weniger.

Zwei Bordhubschrauber mit zusammengefalteten Rotorblättern, bereit zum Verholen in die beiden Hangars der Fregatte.

Die Sea Lynx Mk 88 war durch die anspruchsvolle Seefliegerei materiell und technisch in die Jahre gekommen. Ein anderer Hubschraubertyp als Interimslösung war politisch nicht durchsetzbar, weil der NH 90 als Ersatz kommen sollte, aber noch auf sich warten ließ.

Von der Mk 88 zur Mk 88A

Das Bundesamt für Wehrtechnik und Beschaffung unterzeichnete am 8. Oktober 1996 einen Vertrag mit GKN Westland über die Lieferung von sieben neuen Sea Lynx der moderneren Ausführung Mk 88A zum Stückpreis von rund 44 Millionen D-Mark. Zwei Jahre später folgte der Auftrag, die vorhandenen Maschinen unter Federführung von Eurocopter Deutschland auf den Mk 88A-Standard hochzurüsten. Auch wenn es für die Politiker und Haushaltsplaner eine Umrüstung der alten Maschinen war, so handelte es sich faktisch um neue Hubschrauber.

Für die Umrüstung wurden die alten Mk 88-Maschinen schrittweise an die Industrie abgegeben, wo sie komplett demontiert wurden. Neue Hubschrauberzellen standen schon bereit und es wurden nur wenige Komponenten aus den alten in die neuen Zellen transferiert. Wichtig war die Übernahme des Typenschilds. So lange dieses existiert, auch wenn alles drumherum kaputt ist, kann das Luftfahrzeug wieder neu aufgebaut werden.

So wurden die Maschinen der Baureihe Mk 88 auf den Stand einer Super Lynx 100 gebracht, bei der Deutschen Marine als Sea Lynx Mk 88A bezeichnet. Unter anderem haben die Maschinen verbesserte Rotorblätter bekommen, die aus faserverstärktem Kunststoff bestehen und für Highspeed ausgelegt sind. Es gab neue, leistungsstärkere Triebwerke, ein verbessertes Getriebe, neue Avionik, ein neues Radarsystem und eine Wärmebildkamera. 2003 war das Programm abgeschlossen.

Das äußerst robust ausgeführte Fahrwerk ist hart im Nehmen.

Zum Einbau bereitstehender Satz BERP-Rotorblätter mit den speziell geformten Blattspitzen.

Demontierter Monobloc-Rotorkopf, geschmiedet aus einem einzelnen Titanblock.

Leicht und robust

Das dreirädrige Fahrwerk ist als nicht einziehbar ausgelegt. Es verfügt über lange Federwege, um auch die häufig harte Deckslandung bei schwerem Seegang zu absorbieren. Die Räder des Hauptfahrwerks sind dabei um 27 Grad nach außen gepfeilt. Das doppelt bereifte Bugfahrwerk lässt sich um 90 Grad drehen und zusammen mit den Hauptfahrwerksrädern kann der Pilot den Bordhubschrauber so mittels der Pedale für die Heckrotorsteuerung um die Hochachse in den relativen Wind drehen, der querab vom Schiffskurs kommen kann. Dies ergibt für das Schiff den taktischen Manövriervorteil, da der Hubschrauber mit einer Vielzahl von Winden gestartet werden kann.

Der Hauptrotor ist biegsam ausgelegt. Jedes der vier nach innovativer BERP-Technologie entwickelten klingenartigen Rotorblätter hat einen gleichmäßigen und einen gewölbten Blattspitzenbereich. Das führt an dieser Stelle zu sehr hohen Geschwindigkeiten ohne Strömungsabriss. Auf diese Weise vergrößert sich der Auftrieb bei einem gleichzeitig reduzierten Widerstand – vergleichbar mit der aerodynamischen Wirkungsweise der Winglets bei Passagierflugzeugen. Der starre Monobloc-Rotorkopf ist aus Titan geschmiedet.

Turbowellen-Triebwerk Rolls-Royce GEM-Mk-1017.

Triebwerke von Rolls-Royce

Als Antrieb fungieren zwei Turbowellen-Triebwerke vom Typ GEM-Mk-1017, die Rolls-Royce speziell für die Lynx entwickelt hat. In der Grundanordnung handelt es sich hierbei um einen vierstufigen axialen Niederdruck-Kompressor, der von einer einstufigen Turbine befeuert wird und einen Zentrifugal-Hochdruck-Kompressor auflädt, der wiederum von einer einstufigen Hochdruck-Turbine angetrieben wird. Die 187 Kilogramm schwere GEM-Mk-1017 entwickelt eine maximale Leistung von 1014 PS bei einem Luftdurchsatz von 3,4 Kilogramm pro Sekunde. Nach Angaben von Westland liegt der Kraftstoffverbrauch bei rund 400 Litern Flugkraftstoff pro Stunde. An Land wird F-34 getankt, an Bord – wegen des höheren Flammpunktes – nur F-44 zulässig. Während des Fluges prüfen die Piloten den Treibstoffvorrat mindestens alle 20 Minuten. Bei der U-Boot-Jagd mit vielen Schwebeflugminuten kann der Verbrauch, abhängig vom Wind und diversen Umgebungsfaktoren, deutlich höher sein als bei Überwachungsmissionen oder Überführungsflügen.

Sensoren und Effektoren

Für ihre Primäraufgabe, die U-Bootjagd, ist die Sea Lynx ist mit dem tiefenvariablen AN/AQS-18 Dipping-Sonar für aktive und passive Ortung sowie mit ein oder zwei Torpedos – Mk 46 Mod 2 oder Eurotorp Mu 90 – ausgerüstet. Außerdem zählt ein FN Herstal M3M-Maschinengewehr im Kaliber 12,7 Millimeter zur möglichen Bewaffnung.

Als weitreichendes, seezieloptimiertes Radar ist das Sea Spray 3000 von Marconi verbaut, dessen Antenne unterhalb der Nase eine 360 Grad-Rundumsicht ermöglicht. Für die Nachtsichtfähigkeit sind die Sea Lynx mit einem Infrarotsystem vom Typ Marconi Multi Sensor Turret ausgerüstet. Die Leistungsfähigkeit der Navigationsanlage wird durch GPS-Integration ausgeweitet.

Für den Waffeneinsatz mit Torpedos vorbereitete Sea Lynx.

Links: Sonar-Konsole am Arbeitsplatz des Hubschrauberortungsmeisters.

Bei der Jagd auf U-Boote operieren üblicherweise zwei Sea Lynx gemeinsam mit ihrer Fregatte, die im Jargon Mutter genannt wird, häufig auch mit weiteren Luftfahrzeugen und Schiffen im Verband. Einer der beiden Bordhubschrauber, der Dipper, hat das Sonar an Bord, um weit entfernt vom Schiff nach einem Ziel zu suchen. Von der Fregatte oder einem Seefernaufklärer in ein definiertes Zielgebiet gelenkt, hovert diese Maschine über dem potenziellen Kontakt und senkt seinen Tauchsensor in die See. Der zweite U-Bootjagd-Hubschrauber, das Pony, trägt zwei Torpedos und wartet fliegend in der Nähe oder an Bord eines der Schiffe im Verband in Sitzbereitschaft, Alert genannt, bis er den Befehl zum Waffeneinsatz bekommt.

Zu den Nebenaufgaben der Sea Lynx gehören der Transport von Personal und Material sowie der SAR-Dienst innerhalb eines Schiffverbands. Auch das Verbringen von Boarding Teams, Kampfschwimmern oder Spezialkräften durch Fast Roping oder Freifallschirm ist möglich und wird häufig trainiert. Je nach Einsatzspezifizierung erhalten die Hubschrauber einen entsprechenden Rüstsatz: die geforderte Bordwaffenkonfiguration, Tauchsonaranlage, Bergungswinde oder Außenlastgeschirr für Transportzwecke.

Teamwork und individuelle Kompetenzen

Im Cockpit herrscht strikte Arbeitsteilung. Jeder weiß exakt, was er zu tun hat. Der fliegende Pilot rechts konzentriert sich ausschließlich auf das Führen der Maschine sowie den Start und die Landung. Links neben ihm sitzt der taktische Pilot, der leitende Koordinator, bei dem eine Vielzahl heißglühender Drähte zusammenläuft. Seine Kernaufgaben sind die Navigation, das Bedienen von Radar und Infrarotsensor, ebenso die Abwicklung des Funkverkehrs und letztlich der Waffeneinsatz. Er hat die Funktion des Kommandanten und ist die kommunikative Schnittstelle zwischen seiner Besatzung, der Operationszentrale an Bord der Fregatte sowie den am Einsatz beteiligten Einheiten in der Luft und zur See.

Der Hubschrauberortungsmeister, auch als HOM oder Operator bezeichnet, ist für die Bedienung von Sonar und AIS zuständig. Ihm fällt die Aufgabe als Door Gunner am schweren Maschinengewehr M3M im Waffeneinsatz zu. Er ist außerdem der Verantwortliche in der Kabine bei Winsch-, Außenlast-, Fallschirmspringer-, Kampfschwimmer- und Fast Roping-Einsätzen.

Weltweit gefordert in jedem Klima und Wetter

Wegen des steigenden Engagements der Bundeswehr bei internationalen militärischen Aufgabenstellungen und der zwischenzeitlichen Indienststellung neuer und modernerer Fregatten, gewannen die Hubschrauber stetig wachsend an Bedeutung. Heute ist die Marine weltweit in unterschiedlichen Klimazonen und bei jeder Wetterlage im Einsatz. Die Sea Lynx- Bordhubschrauber sind fast immer mit von der Partie. Durch Salzwasser, feuchte Luft und die Landungen auf einem schwankenden Schiff sind sie dabei, gerade in See, extremen Bedingungen ausgesetzt. Doch das können die Maschinen ab – dank ihrer robusten Konstruktion und der perfekten Wartung durch das Technikteam, das bei der Deutschen Marine Bordwartungsgruppe genannt wird.

Fast-Roping-Einsatz für die 89+16 am Horn von Afrika: Im Rahmen der Nato- Operation Atalanta wird ein Boarding-Team auf einem verdächtigen Frachter abgesetzt.

Technische Daten der Westland Sea Lynx Mk 88A

Hersteller	Westland Helicopters Ltd
Ursprungsland	England
Projektbeginn	Oktober 1967
Erstflug	21. März 1971
Produktionszeit	ab 1976
Stückzahl gesamt	ca. 500 (alle Versionen)
davon Deutsche Marine	26 (abzgl. 4 Totalverlust)
Besatzung	1 bis 4
Länge	15,24 m (mit Rotor)
Rumpflänge	13,33 m
Höhe	3,67 m
Breite	2,94 m
Durchmesser Hauptrotor	12,80 m
Rotorkreisfläche	128,7 m²
Durchmesser Heckrotor	2,36 m
Leergewicht	3290 kg (mit Radar und Sonar)
Startgewicht	5330 kg
max. Außenlast	1360 kg
Triebwerk	2 x Rolls-Royce GEM-Mk-1017
Leistung	2 x 746 kW (1014 PS)
Tankvolumen	802,8 kg
Höchstgeschwindigkeit	255 km/h
Reisegeschwindigkeit	220 km/h
Steigrate	10,1 m/sek
Reichweite	440 km
Reichweite mit Zusatztank	590 km
Dienstgipfelhöhe	3050 m

Sensorik an der Lynx-Nase: unten das Radom für die Antenne des Sea Spray-Rundumsicht-Radars, oben der Sensor für das Infrarotsystem.

Rechts: Blick ins Cockpit der 83+06.

Sobald eine Fregatte in See geht, ist es in der Regel Ansage für die Nordholzer Bordflieger, mit „Sack und Pack“ an Bord zu verlegen. Dabei sind die Marineflieger bei allen Übungen und Einsätzen voll in den Schiffbetrieb integriert, bilden den sogenannten Hauptabschnitt 500 auf den schwimmenden Einheiten, bestehend aus der fliegerischen und der technischen Komponente.

Schiffe und Bordhubschrauber der Deutschen Marine sind für die weltweiten Einsätze perfekt aufeinander abgestimmt und funktionieren als Team auf den Weltmeeren. Und das auch darüberhinausgehend als Teil eines Nato-Verbands oder in Zusammenarbeit beispielsweise mit den Seefernaufklärern des MFG 3 „Graf Zeppelin“ oder befreundeter Nationen.

Die 83+19 vor der Kulisse von Oslo und illuminiert vom Polarlicht.

Lynx-Flieger und ihr Waffensystem - eine Szene wie aus Top Gun.

AW 159 Wildcat der Royal Navy auf dem Landedeck der Fregatte „Lübeck“.

Die Westland-Story

Leonardo ist aktuell der zweitgrößte Hubschrauber-Produzent der Welt. 2020 lag der Marktanteil des Konzerns bei 20 Prozent. Ein großer Name, in das sich das Unternehmen in Erinnerung an den Universalgelehrten Leonardo da Vinci im Januar 2017 umbenannt hat. Im Juli 2000 fusionierten die italienische Firma Augusta und die britische Westland Helicopters miteinander. Und im Mai 2004 wurde der Verkauf der Anteile des traditionsreichen Hubschrauberproduzenten Westland durch den englischen Mutterkonzern GKN bekannt. Der war zuvor in wirtschaftliche Schieflage geraten und nach einer feindlichen Übernahme durch eine Beteiligungsgesellschaft zerschlagen worden. Damit wurde das Unternehmen sehr zum Unmut britischer Traditionalisten italienisch. Mit dem Jahresbeginn 2016 verschwand der Name Westland endgültig als Hersteller von Hubschraubern, der Konzern Augusta-Westland wurde in Finmeccanica-Division Hubschrauber umbenannt.

Das drei PS starke Yeovil Car mit Petters-Patenmotor brachte nicht den durchschlagenden Erfolg.

Rechts: Die junge Firma nahm Fahrt auf, als Petters sich auf die Herstellung von Stationärmotoren, hier ein Öl-Aggregat aus dem Jahr 1905, konzentrierte.

Wie sahen die Anfänge von Westland Helicopters aus, wir wurde das Unternehmen zu einer der Top-Player seiner Branche? Die Zwillingsbrüder Ernest und Percy Petter kamen am 26. Mai 1873 in Yeovil in der südenglischen Grafschaft Somerset zur Welt. Ihr Vater James Bazeley Petters betrieb in Yeovil eine Gießerei und handelte mit Eisenwaren.

Wurzeln im Automobilbau

Die Brüder galten als technisch begabte Tüftler und konstruierten 1892 einen selbstfahrenden Ölmotor. 1894 bauten sie die ein PS starke Weiterentwicklung dieses Aggregats in eine umgebaute vierrädrige Pferdekutsche ein und präsentierten sie als Petters Horseless Carriage. Dieses Fahrzeug gilt als erstes britisches Auto mit einem Verbrennermotor als Antrieb.

Drei Jahre später gründeten die Petter-Brüder die Yeovil Motor Car Co Ltd. und brachten den zweisitzigen Geschäftswagen namens Yeovil Car auf den Markt, angetrieben von einem zweizylindrigen Petter-Patent-Petroleummotor, 3 PS stark und 22 km/h schnell. Als der erhoffte Geschäftserfolg ausblieb, sattelte die junge Firma um auf die Serienproduktion von Stationärmotoren für die Landwirtschaft und Industrie. In den Jahren vor dem Ersten Weltkrieg entstanden jährlich bis zu 1500 Aggregate, die unter anderem als Antrieb für Dreschmaschinen, Sägewerke oder Transmissionsanlagen zum Einsatz kamen.

Zu Beginn des 20. Jahrhunderts war Petters Ltd. auf Expansionskurs und erwarb westlich von Yeovil 30 Hektar Weideland, verkehrsgünstig an einer Bahnstrecke gelegen. Auf dem sogenannten West-Land sollte ein Dorf für den erwarteten Zuwachs an Arbeitern entstehen. Doch mit dem Ausbruch des Ersten Weltkrieges änderte sich alles. Die britische Regierung forderte die heimische Industrie auf, ihre Produktion auf kriegswichtige Güter wie Waffen und Munition umzustellen. Mit einem Telegrammen an das War Office und die Admiralität der Royal Navy boten die Brüder Petters an, der Kriegswirtschaft ihre Produktionsstätten und Arbeitskräfte zur Verfügung zu stellen. Das War Office nahm die Offerte gleichgültig zur Kenntnis, während die Admiralität sofort reagierte und die Brüder zu einem ersten Treffen nach London bat.

Weichenstellung im Ersten Weltkrieg

Die Führung der britischen Marine hatte die Idee, dass die Nähereien für die Handschuhfertigung aus der Gegend um Yeovil und die Mechaniker-Kapazitäten von Petters hervorragend geeignet seien, um Flugzeuge zu bauen.

1915 wurde die Westland Aircraft Works als Tochterunternehmen von Petters Ltd. gegründet. Den Namen Westland hatte Mrs. Petter ausgewählt, da die Hallen und Werkstätten für die Flugzeugproduktion auf dem Gelände entstanden, auf dem ursprünglich die Siedlung für die Mitarbeiter gebaut werden sollte.

Als Resultat der ersten Gespräche bestellte die Royal Navy zwölf Short Type 184 mit starrem Schwimmerwerk. Als Anschlussauftrag folgte der Bau von 20 Short Type-166,

Die Fabrik von Westland Aircraft Works in Yeovil Mitte des Ersten Weltkriegs.

Short Type-166, 20 Maschinen baute Westland in Lizenz.

ebenfalls Wasserflugzeuge. Zur Flugerprobung wurden die montierten Flugzeuge nach Hamble transportiert. Die Tests verliefen zur vollen Zufriedenheit der Admiralität. Petters Erfolg mit diesen Wasserflugzeugen mündete in einen Vertrag, die Sopwith 1½ Strutter zu bauen. Parallel zu dieser Entwicklung schritten die Bauarbeiten an der Fabrik und dem Flugplatz gut voran.

Nachdem der Sopwith-Auftrag abgearbeitet war, wurden zügig neue Flugzeuge bei Westland bestellt. Jetzt sollten de Havilland DH-4 und DH-9 gebaut werden. Die zweisitzigen Bomber wurden oft direkt an die Front geliefert. Es wurde zu einer Gewohnheit, dass Westland als Ausgleichsgewicht auf dem leeren hinteren Sitz, ein Fass des örtlichen Bieres mitlieferte.

Zum Ende des Krieges war Westland ein Subunternehmen der de Havilland-Werke, um die American Liberty Motoren in die DH-9 zu bauen und damit die DH-9A herzustellen. Da de Havilland mit der Arbeit sehr zufrieden war, machte man Westland zum Hauptauftragsnehmer

De Havilland 4, ein zweisitziger Bomber, gebaut von Westland.

für diesen Typ. Für Westland stellte dies einen wichtigen Schritt dar, um in der britischen Luftfahrtindustrie zu den „Großen" zu gehören.

Einen weiteren Auftrag zum Bau von 75 Vickers Vimys konnte Westland nicht mehr zu Ende bringen. Nach Fertigstellung von 25 Maschinen war der Krieg vorbei. Bis zum Ende der Kampfhandlungen baute und lieferte Westland insgesamt 1100 Flugzeuge.

Rückschläge mit eigenen Konstruktionen

Nach dem Ersten Weltkrieg begann Westland damit, die ersten eigenen Flugzeuge für den zivilen Markt zu entwickeln. Bereits 1916 hatte Westland nach einer Ausschreibung der Admiralität seine erste Militärmaschine konstruiert, die Westland N1B. Man erhielt den Auftrag, zwei Flugzeuge zu bauen und diese umfangreichen Tests zu unterziehen. Tatsächlich überzeugten sie mit guten Leistungs- und Flugeigenschaften. Doch dann änderte die Royal Navy ihre Pläne, entschied sich für die Beschaffung von Land- statt Wasserflugzeugen. Während des Kriegs entwickelte Westland noch zwei weitere Flugzeuge: die Westland Wagtail und die Westland Weasel. Bei der Wagtail erwies sich der Motor als störanfällig, lediglich fünf Maschinen wurden gebaut. Ganz ähnlich die Problematik bei der Weasel, deren Erprobung nach vier Prototypen endete.

Wenig vielversprechend auch die neu konstruierten zivilen Flugzeuge. So wurde die Westland Limousine, eine viersitzige Transportmaschine, entwickelt, die im Juli 1919 das erste Mal flog. Es wurden nur acht Flugzeuge gebaut. Die Westland Woodpigeon, ein hölzerner zweisitziger Doppeldecker, flog am 14. September 1924 zum ersten Mal. Die Flugversuche verliefen nicht überzeugend. Auch beim zweiten Prototyp führten die Tests nicht zu besseren Ergebnissen, obwohl die Flügelspannweite vergrößert und andere Motoren eingebaut wurden. Es blieb bei diesen beiden Versuchsmaschinen.

Besser lief die Fertigung der DH-9A, die noch bis 1927 für de Havilland gefertigt wurden. Abgelöst wurde die Maschine von der Westland Wapiti, einem zweisitzigen Doppeldecker, der in weiten Teilen auf Basis der DH-9A konstruiert war. Als Allzweckflieger kamen die Flugzeuge in der Royal Air Force sowie in den Luftwaffen von Indien, Kanada und Südafrika zum Einsatz. Von der Wapiti wurden bis

Zivile Transportmaschine Westland Limousine.

Links: Vielseitig einsetzbar: die Westland Wallace.

Der Tragschrauber C.29 erwies sich als nicht flugfähig ...

1932 insgesamt 565 Maschinen gebaut. 1933 ersetzte sie die Westland Wallace, eine überarbeitete und verbesserte Version der Waipiti. Bis 1936 entstanden 104 Exemplare, 68 Wapiti baute man zum Typ Wallace um.

Erfolglose Tragschrauber

Die ersten Ausflüge in die Welt der Drehflügler unternahm Westland 1934 mit der Cierva C.29 und der Westland CL.20. Beide Luftfahrzeugen waren konstruiert als sogenannte Tragschrauber, auch als Autogyro bezeichnet, bei denen der Rotor nicht wie bei einem Helikopter mittels Triebwerk, sondern durch die anströmende Luft in Drehung versetzt wird.

Bei der C.29 handelte es sich um ein Joint Venture mit der Cierva Autogyro Company in Southampton. Das Rotorsystem und den Rotor steuerte Cierva bei, die Zelle kam von Westland. Der Prototyp sollte jedoch nie in die Luft gelangen. Bereits bei den Bodentests zeigten sich starke Bodenschwingungen, die nicht in den Griff zu bekommen waren. Für die Entwicklung des CL.20 verpflichtete man den französischen Autogyro-Designer George Lepère, der die von ihm zuvor konstruierte Cierva CL.10B zu Grunde legte. Die Flugversuche 1935 verliefen negativ. Zum einen zeigte sich die Steuerung als hypersensibel und damit unbeherrschbar, außerdem stieg das Luftfahrtzeug nicht über 100 Meter. Nachbesserungen brachten keinen Erfolg. Obwohl Petters bereits weitere sechs CL.20-Zellen gebaut hatte, wurde das Projekt vorzeitig abgebrochen.

Wirtschaftlich selbstständig

1935 wurde die Sparte Luftfahrt aus der Firmengruppe herausgelöst und agierte fortan eigenständig unter dem Namen Westland Aircraft Limited. Die Petters Ltd. entwarf und baute weiterhin erfolgreich Motoren und zwischenzeitlich sogar mechanischer Rechenmaschinen. In Spitzenzeiten arbeiteten über 1000 Beschäftigte an verschiedenen Standorten für das Unternehmen. Nach mehreren Umstrukturierungen und Fusionen verschwand die Firma Ende des 20. Jahrhunderts im Strudel der Wirtschaftsgeschichte.

Einen durchschlagenden Erfolg landeten die Ingenieure aus Yeovil mit der Westland Lysander, einem zweisitzigen Beobachtungs- und Verbindungsflugzeug. Im Rahmen einer Ausschreibung des britischen Luftfahrtministeriums

Links: ... und auch die CL.20 enttäuschte bei der Erprobung.

In großer Stückzahl produziert: die Westland Lysander.

Dank einer neuartigen Druckkabine konnte die Westland Welkin bis in eine Höhe von 13 000 Metern aufsteigen.

konnte sich die Lysander gegen den Konkurrenten von Bristol durchsetzen. 1786 Maschinen von diesem Typ ab 1936 wurden gebaut. Eine weitere Eigenentwicklung war die Westland Welkin, die am 1. November 1942 ihren Erstflug absolvierte. Hierbei handelte es sich um einen Höhenjäger mit einer seinerzeit innovativen Druckkabine. Die Einsatzhöhe betrug 13 000 Meter. Bewaffnet war die Welkin mit vier 20 mm- Bordkanonen. Aktiv griff sie nicht mehr ins Kriegsgeschehen ein, weil die deutsche Luftwaffe ihre Höhenbomber zwischenzeitlich nicht mehr über England einsetzte. Nur 77 Maschinen wurden gebaut.

Rechts oben: Ungewöhnlich die Westland Wyvern mit ihren beiden gegenläufigen Propellern.

Westland baut die legendäre Spitfire

Während der Luftschlacht um England war die einsitzige Jagdmaschine Supermarine Spitfire eine tragende Säule der britischen Verteidigung gegen die permanenten Angriffe durch die deutsche Luftwaffe.

Startklare Seafire 1942 an Deck des Flugzeugträgers „Victorious".

Mit der Zerstörung der Supermarine-Fabrik in Southampton bei einem Bombenangriff kam die Herstellung der existenziell wichtigen Maschine zum Erliegen. Westland in Yeovil übernahm die Produktion. Innerhalb von drei Monaten gelang es, eine reibungslose Serienfertigung anlaufen zu lassen. Insgesamt produzierte Westland über 2000 Spitfire sowie deren Variante Seafire, die speziell zum Einsatz auf Flugzeugträgern konzipiert worden war. An deren Entwicklung war Westland in hohem Maße beteiligt.

Noch während des Kriegs begann die Entwicklung des letzten Starrflüglers Wyvern in Yeovil. Im Dezember 1946 flog die Maschine zum ersten Mal. Der als Einsitzer konstruierte trägergestützte Kampfflieger wurde von mehreren Staffel der Royal Navy eingesetzt und flog 1956 während der Suez-Krise 79 Kampfeinsätze. Besonders auffällig waren an der Wyvern ihre beiden gegenläufigen Propeller, die durch ein Rolls-Royce Eagle-Kolbentriebwerk angetrieben wurden. Insgesamt lieferte Westland 127 Einheiten ab. In der Summe hatte Westland zwischen 1915 und 1955 mehr als 6000 Flugzeuge - Eigen- und Lizenzkonstruktionen - gebaut.

Neuausrichtung nach dem Zweiten Weltkrieg

Nach dem Kriegsende 1945 fuhr man die riesigen Kapazitäten der Luftfahrtindustrie in Großbritannien zwangsläufig stark zurück. Westland war zu einer Umorientierung gezwungen. Die Geschäftsführung entschied, dass die Zukunft der Fliegerei in einer völlig anderen Art des Fliegens zu suchen sei - bei den Hubschraubern.

Einer der weltweit innovativsten und erfolgreichsten Konstrukteure von Hubschraubern war der US-Ameri-

Links oben: Die Westland WS-51 Dragonfly war das erste Produkt aus der Allianz mit Sikorsky.

Links Mitte: Die Sikorsky S-55 stand Pate bei der Whirlwind ...

Links unten: ... und die H-34 bei der Westland Wessex.

kaner Igor Sikorsky. 1946 schloss Westland mit dessen Unternehmen, der Sikorsky Aircraft Corporation, eine langfristige Kooperationsvereinbarung über Lizenzproduktionen, verbunden mit der Möglichkeit zur Optimierung und Weiterentwicklung der Sikorsky-Maschinen. So wurde aus der Sikorsky S-51 zunächst die Westland WS-51 Dragonfly und anschließend deren zweite Generation mit der Bezeichnung Widgeon. Letztere hatte man mit einer größeren Kabine für den zivilen Markt konzipiert. Allerdings wurden nur 15 Abnehmer gefunden. Besser verkaufte sich die WS-51 Dragonfly, nämlich 149 Mal.

Es folgte die auf der Sikorsky S-55 basierende Whirlwind. Ausgerüstet mit einem stärkeren Triebwerk und verbessertem Hauptgetriebe als das amerikanische Original, wurde die Whirlwind zu einem Verkaufsschlager.

Über 360 Einheiten verkaufte Westland rund um den Globus. Ähnlich erfolgreich war ab 1958 der Nachbau der S-58, die militärisch H-34 und in Yeovil als Wessex bezeichnet wurde. Auch hier nahm Westland gravierende Änderungen vor.

Flog das Original noch mit einem Kolbensternmotor, so wurde in der Wessex anfangs ein Napier Gazelle Turboshaft-Triebwerk verbaut, später dann zwei de Havilland Gnome Triebwerke. Zu den Aufgaben der Wessex gehörte die U-Bootjagd, Transportflüge sowie der Such- und Rettungsdienst über See. 382 Maschinen wurden hiervon gebaut.

Auf Expansionskurs

Neben der Lizenzfertigung versuchte Westland sich Ende der 50er-Jahre auch an einer Eigenentwicklung: Die Westland Westminster war ein schwerer Transporthubschrauber, der ohne Hilfen oder Auftrag entwickelt wurde. Es entstanden lediglich zwei Prototypen. 1960 erklärte die britische Regierung, dass sie die Vielzahl heimischer Luftfahrtunternehmen nicht mehr unterstützen und subventionieren werde. In der Folge schlossen sich diverse Firmen zusammen und bildeten zwei Flugzeugunternehmen: die British Aircraft Cooperation und die Hawker Siddeley Group. Beide Gruppierungen hatten an Helikoptern kein Interesse, auch keinerlei Expertise dafür. Westland führte den Hubschraubersektor in Großbritannien an und übernahm schrittweise die Konkurrenten Bristol Helicopters, Fairey Aviation und Saunders-Roe, was 1961 unter dem Dach von Westland Helicopters zusammengeführt wurde. Durch die neue schlagkräftige Kons-

Prototyp Westminster bei der Bodenerprobung.

tellation erhielt die Firma vielversprechende entwickelte Projekte, so dass der Westminster aufgegeben wurde. Der zugekaufte Hersteller Bristol hatte bereits einen großen Transporthubschrauber mit Tandemrotor namens Belvedere entwickelt. Für derartig dimensionierte Maschinen gab es nur einen äußerst begrenzten Markt, so dass man letztendlich lediglich 26 Maschinen absetzen konnte. Etwas erfolgreicher waren die Modelle, die von Saunders-Roe übernommen wurden. Die Westland Scout basierte ebenso wie die Westland Wasp, die wenige Jahre später folgte, auf der Saro P.531 – eine Weiterentwicklung der Saunders-Roe Skeeter, die noch mit einem Kolbentriebwerk ausgestattet war. Scout und Wasp verfügten schon über Turbo-Shaft Triebwerke, hatten etwas größere Zellen bekommen und konnten so mehr Passagiere transportieren. Beide Hubschrauber waren nahezu identisch, wobei die Scout ein Kufenlandegestell und die für die Royal Navy gefertigte Wasp ein vierrädriges Radfahrwerk besaß. Die Scout wurde über 150 Mal produziert, die Wasp 133 Mal.

Für den Massenmarkt war die Bristol Belvedere überdimensioniert.

Westland Scout, erkennbar am Kufenlandegestell.

Die Royal Navy setzte auf die Westland Wasp.

Sea King in Lizenz

Der Lizenzbau blieb der Hauptpfeiler der Hubschrauberproduktion von Westland. So wurde für die Royal Army die Bell H-13 Sioux gebaut. Um nicht gegen die Vereinbarung mit Sikorsky zu verstoßen, keine Hubschrauber von US-Konkurrenten nachzubauen, besorgten sich die findigen Engländer eine Unterlizenz von dem italienischen Hersteller Augusta. 150 Sioux entstanden in Yeovil. Die fruchtbare Kooperation mit Sikorsky ging weiter. Ende der 60er-Jahre begann der Lizenzbau der Westland Sea King. Auch hier nahmen die englischen Ingenieure einige Verbesserungen vor. Unter anderem computergesteuerte Triebwerke von Rolls-Royce, ein Anti-Submarine-Warfare-System sowie ein voll automatisiertes Flugsteuerungssystem. Die Sea King wurde in vielen Varianten für unterschiedliche Aufgaben gebaut, beispielsweise zur U-Bootjagd, Aufklärung, SAR oder das Absetzen kleiner Kommandoeinheiten. Insgesamt wurden 357 Sea King von Westland gebaut.

Rechts: Die Sea King war ein ganz großer Wurf für Westland, hier ein Exemplar des MFG 5 der Deutschen Marine.

Erfolgsgeschichte Lynx

Die Regierungen Großbritanniens und Frankreichs vereinbarten im Oktober 1967 eine Rüstungskooperation und beschlossen, drei Helikoptervarianten gemeinsam zu entwickeln und zu bauen. Dem französischen Luftfahrtunternehmen Aérospatiale fiel die Aufgabe zu, den mittleren Transporthubschrauber Puma sowie die Gazelle, einen leichten Mehrzweck-Hubschrauber, zu konstruieren. Westland sollte einen multifunktional einsetzbaren Helikopter für die Marine und zivile Zwecke zu entwerfen, die spätere Westland Lynx. Durch das starke Interesse des Militärs entstand außerdem eine Variante für das Heer.

Die Lynx war der erste Hubschrauber, den Westland eigenständig entwickelte. Zwar hatte das Unternehmen bereits mehrfach eigene Hubschraubermodelle konstruiert, aber keines kam über den Prototypenstatus hinaus. Es sollte jene 13. Eigenentwicklung sein, die dies änderte, wenn auch nicht alles komplett aus den Ideenschmieden Yeovil stammte. Westland hatte in der Vergangenheit großes Geschick gezeigt, Vorhandenes zu verbessern wie bei allen Lizenzbauten von Sikorsky. So war das Rotorsystem der WG-13 – so lautete die firmeninterne Bezeichnung der neuen Maschine – das beste Beispiel. 1961 entwickelte Messerschmitt-Bölkow-Blohm die BO 105 mit einem revolutionären starren Rotorsystem aus Titan, das ohne Gelenke auskam. Aérospatiale wollte diese Bauweise ab 1966 für ihre AS 341 Gazelle übernehmen, scheiterte aber an Problemen mit der Steuerung bei höheren Geschwindigkeiten. Westland griff die Idee des starren Rotorkopfes auf und bekam die Schwierigkeiten in den Griff. Für die Flugversuche mit dem neuen Rotorsystem bediente Westland sich einer modifizierten Scout.

Auch hielten Entwicklungen Westlands bei der Lynx Einzug, die schon bei der Sea King als Innovation galten. So wurden die beiden Triebwerke durch einen Fuel-Computer gesteuert. Auch die Flugregelanlage war eine abgewandelte Version von der, wie sie in der Sea King zum Einsatz kam. Es wurden bei der Lynx aber auch neue Standards gesetzt. So entwarf man die Rotorblätter komplett neu, wobei der bis dahin verwendete Holzkern durch einen Wabenkern aus Aluminium ersetzt wurde. Das Ergebnis gegenüber den herkömmlichen Blättern waren ein geringeres Gewicht und eine deutlich verbesserter Flexibilität. Aber auch Altbewährtes übernahm Westland aus den Modellen Wasp und Scout.

Erprobung des starren Rotorsystems im August 1970 an einer WG-13.

Am 21. März 1971, deutlich später als ursprünglich geplant, hob die Westland WG-13 zum ersten Mal ab. Das neue Rotorsystem kam erst 1972 im vierten Prototypen zum Einsatz. Kurz darauf folgten zwei weitere Prototypen in der Army Version AH Mk 1 und zwei in der Navy Variante HAS Mk 2. Das Kürzel AH steht bei den Briten für Army Helicopter, HAS bedeutet Helicopter Anti-Submarine. Am 20. Juni 1972 absolvierte Testpilot Leonard Roy Moxam mit einer AH Mk 1 einen Geschwindigkeitsrekord für Hubschrauber über eine gerade Distanz von 15 und 25 Kilometern mit einer Geschwindigkeit von 321,74 km/h. Zwei

Links: 21. März 1971: Der erste Lynx-Prototyp meistert seinen Erstflug auf dem Werksflugplatz in Yeovil.

Rekordflug mit neuen Geschwindigkeits-Bestmarken im Juni 1972 mit der Army-Version AH Mk 1.

Westland Lynx Mk 1 beim Abfeuern einer TOW, einer Panzerabwehrrakete, während eines Manövers.

Tage später folgte der nächste Rekord über 100 Kilometer auf einem geschlossenen Rundkurs mit einer Geschwindigkeit von 318,5 km/h.

Nach Erprobung von 13 Prototypen erhielt die Royal Navy 1976 ihre erste Serienmaschine. Als erste Lynx-Staffel wurde 1977 die 702 Squadron in Yeovilton ins Leben gerufen. Die erste Maschine für die Royal Army wurde 1977 übergeben und war ein Jahr später einsatzbereit. Zu Beginn gab es nur die Versionen AH Mk 1, von der die Army über 100 Stück bestellte und die Marineversion HAS Mk 2, die für Frankreich und Großbritannien gleich konfiguriert war. In den 90er-Jahren wurden sowohl die britischen als auch die französischen Maschinen modernisiert und bekamen aufgrund der jetzt deutlichen Unterschiede eigene Bezeichnungen. So war die Mk 3 für die Royal Navy und die Mk 4 für die französische Marine. Der auffälligste Unterschied zwischen der Army und der Navy Version war das Fahrwerk. So hatte die Marine-Variante von Anbeginn ein Radfahrwerk und die Army-Ausführung ein Kufenlandegestell. Dies änderte sich aber mit der vierten Änderung/Modernisierung der Army-Hubschrauber. Ab der Modellreihe AH Mk 9 wurden auch diese Hubschrauber mit einem Radfahrwerk versehen.

Interessanterweise wurden die Hubschrauber für die Royal Army fünfmal geändert, die der Royal Navy lediglich zweimal. Von der HAS Mk 2 wurden 53 Maschinen in den 80ern auf die HAS Mk 3 umgerüstet, weitere 23 Hubschrauber neu gebaut. Sie erhielten modifizierte Triebwerke und Getriebe, außerdem das moderne GEC Marconi Seaspray-Radar.

Der Plan des Westland-Managements, den Lynx zu einem kommerziellen, zivil genutzten Helikopter, dem Westland 30, weiterzuentwickeln, ging indes nicht auf. 19 Passagiere konnte die Maschine an Bord nehmen, doch fanden sich am Ende nur 41 Abnehmer. Die Hoffnung Westlands, die nach dem abgeschlossenen Bau der Militärmaschinen frei werdenden Produktionskapazitäten mit der W-30 zu nutzen, erfüllte sich nicht.

Insgesamt entstanden in Yeovil rund 450 Exemplare der Lynx in verschiedenen Varianten. Die Streitkräfte von 14 Nationen setzten auf diesen Helikopter, der durch Zuverlässigkeit und ein breites Leistungsspektrum punktete.

Von Westland zu Leonardo

Mitte der 80er Jahre geriet Westland in wirtschaftliche Schwierigkeiten. Das Management hatte eine Menge Geld in die Entwicklung von Rotorblättern aus Verbundwerkstoff sowie einen potenziellen Sea King-Nachfolger investiert. Doch der kalkulierte Return on Investment trat nicht ein. Nach längeren Debatten im politischen Raum

Zivile Lynx-Variante W-30 der US-amerikanischen Pan Am-Airline.

Unten rechts: AgustaWestland EH101 Merlin HM2 der Royal Navy.

akzeptierte die britische Regierung eine Beteiligung von Sikorsky. Parallel dazu ergab sich eine vielversprechende Kooperation mit dem italienischen Hubschrauberproduzenten Augusta zur Entwicklung eines neuen großen Hubschraubers als Ersatz für die Sea King.

Beide Firmen gründeten speziell für die Produktion der EH101 Merlin die Firma European Helicopter Industries, kurz als EHI bezeichnet. Dieser Allzweckhubschrauber sollte die Bedürfnisse des Militärs, speziell von Marine und Luftwaffe, ebenso abdecken wie von zivilen Nutzern.

Großanteilseigner bei Westland waren zu dieser Zeit die Sikorsky-Mutter UTC – United Technologies – in den Vereinigten Staaten und die englische Unternehmensgruppe GKN. 1994 verkaufte UTC seine Kaptalanteile an die GKN, die nun alleiniger Herr im Hause war. Im Jahr darauf erfolgte die Umbenennung in GKN Westland. Neben dem Bau der EH101 entstand in Yeovil nun außerdem in Lizenz die WAH-64 Apache – ein amerikanischer Kampfhubschrauber, der im Original von Boeing stammte. 2000 verschmolzen GKN und die italienische Finmeccanica ihre Hubschraubersparten zu AugustaWestland, dem nun zweitgrößten Hubschrauberproduzenten weltweit. Wie eingangs erwähnt, verkaufte GKN seine Anteile 2004 an Finmeccanica.

Das britische Traditionsunternehmen war nun nicht mehr britisch. 2016 verschwand der Name Westland endgültig. Heute bauen knapp 3000 Beschäftigte in Yeovil unter dem Dach von Leonardo, der Finmeccanica Helikopter-Division, die Super Lynx 300, den AW101 Merlin und die AW159 Wildcat.

AgustaWestland WAH-64 Apache.

Die modernste Lynx-Variante, die AW 159 Wildcat, wird bis heute gebaut, allerdings unter dem Dach des italienischen Leonardo-Konzerns.

Die 83+02 im Anflug auf die Fregatte „Bayern“.

Bordflieger und U-Bootjäger

Am Ende des 19. Jahrhunderts gewannen die Militärs nahezu zeitgleich zwei neue Dimensionen hinzu: die Kriegführung in der Luft und unter Wasser. Sie waren eng verknüpft mit den wissenschaftlichen Erkenntnissen, der technischen Entwicklung und dem industriell Machbaren ihrer Zeit.

Bereits im Dezember 1782 stiegen die französischen Gebrüder Montgolfier zu einer ersten, wenn auch kurzen Luftreise mit einem Heißluftballon auf. Sechs Jahre zuvor, exakt am 7. September 1776, war erstmals die von dem US-Amerikaner David Bushnell konstruierte „Turtle“, die als erstes funktionsfähiges U-Boot gilt, während des Amerikanischen Unabhängigkeitskriegs zum Einsatz gekommen. Doch der Weg dieser beiden Erfindungen zu effizienten und zuverlässigen Waffensystemen war noch lang.

Um 1890 baute die Howaldtwerft in Kiel ein zwölf Meter langes Unterseeboot mit einem 120 PS starken Elektromotor, für das sich trotz erfolgreicher Erprobung kein Abnehmer fand. Die zum Krupp-Konzern gehörende Kieler Germaniawerft baute 1902 baute 1903 das U-Boot „Forelle“ für die russische Marine und weckte damit die Aufmerksamkeit der bis dahin zögerlichen Kaiserlichen Marine. Nach Erteilung des entsprechenden Bauauftrags wurde mit U 1 am 14. Dezember 1906 das erste U-Boot der deutschen Seestreitkräfte in Dienst gestellt. Die weitere Entwicklung dieser Waffengattung verlief – bis heute anhaltend – rasant.

Luftschiff versus Flugzeug

Die militärische Fliegerei begann 1908 mit der dem Zeppelin LZ 3, das fortan die Heereskennung Z 1 trug und von den Verkehrstruppen der Preußischen Armee erprobt wurde. Kaiser Wilhelm II. persönlich leitete durch „allerhöchste Kabinettsordre“ am 3. Mai 1913 die Gründung der Marineflieger ein. Parallel zueinander entstanden die Marineluftschiff- und die Seefliegerabteilung.

Der Erste Weltkrieg beflügelte die technische Evolution beider neuer Waffengattungen enorm. Spätestens ab der Mitte des Konflikts setzte sich das Flugzeug gegen die Luftschiffe des Grafen Zeppelin und von Schütte-Lanz durch. Reichweite, Zuverlässigkeit und Kampfkraft wuchsen kontinuierlich. Ebenso bei den U-Booten der Kaiserlichen Marine, die im Handelskrieg gegen England sowie im Mittelmeer unerwartet hohe Versenkungserfolge verbuchten. Auf Seiten der Kriegsgegner verlief die Entwicklung ähnlich.

Zwar gab es noch keine auf die U-Bootjagd spezialisierten Fliegerverbände, aber ein Aufeinandertreffen dieser beiden innovativen Waffensysteme war nur eine Frage der Zeit. In seinen Memoiren berichtete der Seeflieger Friedrich Christiansen, damals Oberleutnant der Reserve und Leiter der Seeflugstation Zeebrügge: Am 2. Juli 1918 stoßen zwei Kampfstaffeln vor der Themsemündung auf das englische U-Boot C 25, überschütten es aus nächster Nähe mit einem verheerenden Feuer der Maschinengewehre. Die an Deck befindliche Besatzung fällt. Anscheinend kann das schwer beschädigte Boot nicht mehr tauchen. Steuer- und bewegungslos treibt das Boot in der Strömung. Nachdem alle Munition verschossen ist, fliegen die Flugzeuge zurück. Die zweite Staffel braust los, trifft C 25 im Schlepp des englischen U-Bootes C 51 und greift beide Boote an. C 25 ist schnell restlos erledigt, C 51 wird schwer havariert von einem englischen Zerstörer eingeschleppt.

Üblicherweise setzte die Royal Navy mit den als Gegenarmierung neu entwickelten Wasserbomben bewaffnete Zerstörer zur Jagd auf die kaiserlichen U-Boote ein. Auch waren Seeminen ein effektives Abwehrmittel. Von den 380 deutschen U-Booten wurden 178 Einheiten vom Gegner versenkt, zwei davon - UC 66 und UB 32 - 1917 durch britische Flugzeuge.

Rechts: Weltpremiere: Eugene Burton Ely hebt von der Startplattform des Leichten Kreuzers „Birmingham“ der US Navy ab.

Unter Beschuss: das britische U-Boot C-25 fiel dem Angriff deutscher Seeflieger zum Opfer.

Anfänge der Bordfliegerei

Bereits 1910 gelang dem US-Amerikaner Eugene Burton Ely mit einem Curtiss-Doppeldecker der weltweit erste Start von Bord eines Schiffs, im Jahr darauf auch die erste Landung auf einem provisorischen Holzdeck.

In der Folge experimentierten mehrere Staaten mit Flugzeugmutterschiffen, zumeist umgebauten Frachtern. Fünf solcher Einheiten setzte die Kaiserliche Marine in der Nord- und Ostsee ein. Der Hilfskreuzer „Wolf“ absolvierte von November 1916 bis Februar 1918 eine spektakuläre Kaperfahrt, bei der 30 Schiffe versenkt wurden. Dabei kam das als „Wölfchen“ bezeichnete Bordflugzeug, eine Friedrichshafen FF 31e, als Fernaufklärer erfolgreich zum Einsatz. Am 21. August 1917 startete Flight Sub-Lieutenant Bernard. A. Smart, Pilot des Royal Naval Air Service, mit einer Sopwith Pup mittels Katapult von einer Abflugplattform auf dem vorderen Geschützturms des Leichten Kreu-

zers „Yarmouth" und schoss das Marineluftschiff LZ 66 ab. Die Royal Navy stellte 1918 den ersten, eigens für diesen Zweck gebauten Flugzeugträger „Argus" in Dienst.

Zwischen den beiden Weltkriegen machte die Militärtechnik weiterhin riesige Fortschritte. Allgemein im Bereich der Luftfahrt, speziell bei Funk, Ortung und den Waffensystemen. Wie bereits 1914 spielte die Kriegsmarine ab 1939 ihre U-Boote als Trumpfkarte aus und brachte die Alliierten in den ersten zweieinhalb Jahren mit hohen Versenkungszahlen in arge Bedrängnis. Doch das Blatt wendete sich mit immer ausgeklügelter Taktik und Ortungstechnik seitens der Gegner, vor allem aber durch das Knacken des deutschen Enigma-Funkcodes.

Im Nordatlantik schloss sich zu Beginn 1943 ein nahezu lückenloser alliierter Luftschirm, basierend auf Geleitflugzeugträgern und Bomberbasen an Land. Die Ausstattung der Luftstreitkräfte mit neu entwickeltem Radar und effizient wirkenden Wasserbomben ermöglichte den Alliierten die Ortung und Vernichtung deutscher U-Boote selbst bei schlechtem Wetter und in der Nacht. Von den 782 während des Zweiten Weltkriegs versenkten deutschen U-Booten gingen 290 auf das Konto von Flugzeugen, 50 weitere auf das Zusammenwirken von Luft- und Seeeinheiten.

Bordflugzeug „Wölfchen" des Hilfskreuzer „Wolf" der Kaiserlichen Marine.

Links: Katapultstart vom vorderen Geschützturm des Leichten Kreuzers „Yarmouth".

Das in den USA von Consolidated Aircraft konstruierte Flugboot PBY Catalina gehört mit 40 versenkten U-Booten zu den erfolgreichsten Einheiten im Kampf gegen die sogenannten Grauen Wölfe der Kriegsmarine.

Häufig waren in den zur U-Bootjagd eingesetzten Maschinen der Alliierten automatische Kameras installiert, um die Versenkungen zu dokumentieren.

Marinefliegerei im Sinkflug

Und wie sah es auf deutscher Seite aus mit der Marinefliegerei? Eher düster. Luftwaffen-Chef Hermann Göring hat sich mit dem Ausspruch „Alles was fliegt, gehört mir" in den Militärgeschichtsbüchern verewigt. Ab 1935 wurde die gesamte Küsten-, Bord- und Seefliegerei schrittweise in die Luftwaffe überführt. Das führte dazu, dass die Bereiche Seezielbekämpfung und Aufklärung während des Zweiten Weltkriegs weit hinter ihrem Potenzial zurückblieben. Zuvor hatten – trotz gravierender Einschränkungen durch den Vertrag von Versailles – deutsche Hersteller wie Dornier, Heinkel und Arado durchaus wegweisende Seeflugzeuge für die zivile und militärische Nutzung konstruiert.

Während die wichtigsten Seemächte der Welt zunehmend auf den Bau von Flugzeugträgern setzten, konnte sich die Kriegsmarine unter Großadmiral Erich Raeder – ausgebremst durch die Luftwaffe sowie andere Prioritäten in der Rüstungspolitik – mit der Forderung nach solchen Schiffen letztendlich nicht durchsetzen. Zwar vergab sie am 16. November 1935 den Bauauftrag für zwei Flugzeugträger, doch wurden beide niemals fertiggestellt. Während der Rumpf des Trägers B, der den Namen „Peter Strasser" tragen sollte, bereits im Frühjahr 1940 zur anderweitigen Verwendung des Stahls wieder abgebrochen wurde, konnte die „Graf Zeppelin" nach mehreren Baustopps immerhin zu 90 Prozent fertiggestellt werden. Der Jäger Messerschmitt109 T, der Sturzkampfbomber Junkers Ju 87 C sowie der als Torpedobomber und Aufklärer vorgesehene Fieseler Fi 167 befanden sich bereits in der Erprobung, ebenso Druckluftkatapulte und Bremseinrichtungen an Bord.

Der Flugzeugträger „Graf Zeppelin" der Kriegsmarine wurde nur zu 90 Prozent fertiggestellt und kam nie zum Einsatz.

Bf 109 T: der Träger-Jäger

Die Messerschmitt Bf 109 T basierte auf der E-Version, besaß aber eine größere Spannweite und eine entsprechend höhere Flügelfläche. Vorgesehen waren Starts mittels pneumatischer Katapulte – mit einer Beschleunigung auf 140 km/h innerhalb von drei Sekunden – sowie Deckslandungen, die durch quer zum Flugdeck gespannte Bremsseile verzögert werden sollten. Zwangsläufig ergaben sich für den Leichtbau-Jäger dabei höhere physikalische Belastungen, die man durch eine Verstärkung der Konstruktion anpasste. Außerdem nahmen die Ingenieure aerodynamische Optimierungen vor, um eine exakte Steuerung beim Landeanflug und eine genaue Kontrolle des Landepunktes sicherzustellen. Störklappen an den Oberseiten der Tragflächen verhinderten im Moment des Aufsetzens einen Strömungsabriss und steigerten die Sinkrate.

Zur erweiterten Ausrüstung der Bf 109 T gehörten vier Katapultbeschläge, ein absenkbarer Fanghaken und vor dem Hauptfahrwerk ein Abweiserbügel für das Bremsseil. Im Cockpit kamen zusätzliche Armstützen, verstärkte Kopfpolster und der Fanghakenauslöser hinzu. Bei Bedarf konnte ein 300 Liter-Zusatztank montiert werden. Bewaffnet waren die Messerschmitt Bf 109 T mit zwei MG 17. Sie waren oberhalb des Motors platziert und feuerten durch den Propellerkreis. In den Tragflächen waren außerdem zwei Maschinenkanonen MG FF angeordnet.

Nach umfangreichen Tests des Prototyps Bf 109 T-0 bei der Erprobungsstelle in Travemünde übernahmen die Gerhard-Fieseler-Werke in Kassel den Bau der Trägerflug-

Messerschmitt Bf 109 T – nach dem Baustopp für die „Graf Zeppelin" wurden alle 70 gebauten Maschinen für den konventionellen Einsatz umgebaut.

zeuge. Zunächst entstanden sieben Bf 109 T-1 mit voller Ausrüstung, anschließend weitere 63 Bf 109 T-2 ohne Trägerausstattung, die aber binnen kurzer Zeit nachrüstbar gewesen wäre. Mit dem Aus für das Trägerprogramm 1943 rüstete Fieseler die sieben T-1-Maschinen auf T-2-Standard zurück. Anschließend fanden die Maschinen im Fronteinsatz und in der Pilotenausbildung Verwendung.

Halbherzige Bordfliegerei

Die Panzer- und Schlachtschiffe, drei Hilfskreuzer sowie ein Großteil der Leichten und Schweren Kreuzer der Kriegsmarine waren mit Bordflugzeugen ausgerüstet. Ihr Start erfolgte ebenfalls mittels Katapult. Nach der Landung auf ihrem starren Schwimmerwerk wurden sie mit dem Bordkran zurück aufs Schiff gehoben. Zum Einsatz kamen zunächst die Typen Arado Ar 95, Heinkel He 50 und He 114, die ab Mitte der 30er-Jahre technisch überholt und ihre Flugleistungen nicht mehr zeitgemäß waren. Abgelöst wurden sie 1938 von der Arado Ar 196, einem Tiefdecker mit Zwillingsschwimmern und einem 960 PS starken 132 K-Flugmotor von BMW.

Die Ar 196-Versionen A-2 und A-3 kamen vorwiegend als von Land aus operierende Aufklärer für Küstenpatrouillen in der Nord- und Ostsee zum Einsatz, während die Version A-1 als Bordflugzeug Verwendung fand. Bewaffnet waren die Einheiten mit einem beweglichen MG 15 auf Schwenkarmlafette, zwei 20 mm-MG in den Flügeln sowie zwei 50 kg-Bomben unter den Tragflächen. Zur Ausrüstung gehörte das Telefunken Kurz-und Mittelwellenfunkgerät FuG 5 aU, das zur Kommunikation mit dem Trägerschiff insbesondere während der Start- und Landephasen genutzt wurde.

Rechts: Eine Arado Ar 196, eines der sechs Bordflugzeige des Schlachtschiffs „Tirpitz“, unmittelbar vor dem Katapultstart.

Paradeaufstellung an Deck des Schlachtschiffs „Gneisenau“, darüber auf ihrem Katapult eine Heinkel He 114.

Vorreiter in der Hubschrauber-Entwicklung

Ein neuartiges Luftfahrzeug rückte in den 30er-Jahren in den Fokus: der Hubschrauber. Pionierarbeit leistete auf diesem Gebiet Professor Henrich Focke, Mitbegründer und Vorstandsmitglied der Focke-Wulf AG. Mit der Fw 61 brachte er 1936 den ersten praxistauglichen Helikopter in die Luft. Daraufhin beauftragte ihn das Reichsluftfahrtministerium mit der Konstruktion eines Lastenhubschraubers. Im Sommer 1940 flog der zweirotorige „Drache“, so die Zusatzbezeichnung der Focke-Achgelis Fa 223, zum ersten Mal. 20 Exemplare entstanden bis Kriegsende für die Luftwaffe. Erwähnenswert ist die Tatsache, dass der weltweit erste erfolgreiche SAR-Einsatz eines Hubschraubers am 6. März 1945 durch eine Fa 223 für einen im Schneesturm notgelandeten Jagdflieger durchgeführt wurde.

Ebenfalls eine Konstruktion von Focke-Achgelis war die Fa 330 „Bachstelze“, ein unverkleideter motorloser Tragschrauber. Dieses auf den ersten Blick seltsam anmutende Luftfahrzeug flog im Schleppbetrieb deutscher U-Boote,

Focke-Achgelis Fa 223, nur 20 Exemplare des Transporthubschraubers entstanden bis Kriegsende.

und zwar allein durch die ihm entgegenströmenden Luftmassen und die dadurch entstehende Drehbewegung des Rotors. In einer Zeit, als wirkungsvolle Radargeräte noch Zukunftsmusik waren, erhöhte dieser Aufklärer simpelster Machart bei guten Wetterbedingungen die Sichtweite von 8 bis auf über 50 Kilometer. Verstaut wurde die „Bachstelze" zerlegt in zwei druckfesten Behältern an Deck. Ab 1943 rüstete die Kriegsmarine die Fernboote vom Typ IX D2 mit der Fa 330 aus.

Flettners Kolibri: Bordhubschrauber und U-Bootjäger

Tatsächlich war die Westland Sea Lynx Mk 88 – bei großzügiger Geschichtsauslegung – nicht der erste waffentragende Bordhubschrauber in der Historie der deutschen Seestreitkräfte. Maßgeblich von der Kriegsmarine gefördert, hatte der Ingenieur Anton Flettner 1938 den Hubscharuber Fl 265 mit zwei gegenläufig ineinander kämmenden Rotoren konstruiert. Bei einem Übungsluftkampf konnte die Maschine 20 Minuten lang den Angriffen einer Bf 109 und einer Fw 190 ausweichen. Nach erfolgreichen Starts und Landungen an Bord des Leichten Kreuzers „Köln" war die Marineführung restlos überzeugt von dem Prototypen.

Sie beauftragte Flettner mit einer Weiterentwicklung zur Verwendung als Bordhubschrauber auf Großkampfschiffen und U-Booten, ergänzt durch eine Bestellung von vorerst 20 Exemplaren.

Die Fa 330 „Bachstelze" fand als Seeaufklärer ohne eigenen Antrieb im Schlepp deutscher Unterseeboote Verwendung.

Rechts:
In den Serienmaschinen des Flettner „Kolibri" waren die Flugzeugführer durch eine Rundum-Verglasung geschützt.

Am 30. Oktober 1941 flog die deutlich leistungsfähigere Weiterentwicklung namens Flettner Fl 282 „Kolibri" erstmals. Konstruktionsprinzip war wiederum ein Doppelrotor, durch den ein Drehmomentausgleich erfolgte und so auf einen Heckrotor verzichtet werden konnte. Gesteuert wurde durch Veränderung der Rotor-Anstellwinkel, manuell konnte zwischen Hub- und Tragschrauberbetrieb umgestellt werden. Der 160 PS leistende Bramo-Siebenzylinder war samt Getriebe und Rotorkopf mittig im Rumpf platziert. Der Pilot saß davor in einer offenen, später rundum verglasten Kabine mit zwei abwerfbaren Türen und kontrollierte den Hubschrauber wie heute mit Collective, Cyclic und Pedalen. Der Rumpf des Kolibris bestand aus geschweißten Stahlrohren, die mit Sperrholz und im Bereich des Motors mit Elektronblech beplankt waren.

Mit dem „Kolibri" wurde 1942 mit beeindruckenden Ergebnissen das Aufklären und Bekämpfen von U-Booten im Mittelmeer erprobt. Zu diesem Zweck waren ein Magazin für zwei Fünf-Kilogramm-Bomben sowie ein weiteres für Rauchbojen vorgesehen. Auch Testflüge zur Eignung als Bordflugzeug und zur Minensuche verliefen erfolgreich. Im Jahr darauf kam die Fl 282 als Konvoischutz in der Ostsee, im Mittelmeer und der Ägäis praktisch zum Einsatz. 30 Prototypen und 15 Vorserienmaschinen standen zur Verfügung. Die Kriegsmarine meldete Bedarf für 50 schiffgestützte „Kolibris" und 40 Einheiten zur U-Boot-Bekämpfung an. Später wurde diese Forderung um 20 weitere Hubschrauber aufgestockt. Das Heer erteilte 1943 sogar einen Großauftrag über 1000 Maschinen für die Lufttransportstaffel 40.

Starts und Deckslandungen stellten für den geübten Piloten einer Flettner Fl 282 kein Problem dar.

Doch die Euphorie verflog schnell: Wegen viel zu geringer Fertigungskapazitäten sollte die Produktion vom Flettner-Werk in Berlin-Johannisthal in die Fabrik von BMW in Eisenach verlegt werden. Doch 1943 zog das Heer seinen Großauftrag zurück. Im Februar 1944 beendete das Reichsluftfahrtministerium die Hubschrauberfertigung zugunsten einer Erhöhung der Kapazitäten beim Bau von Jagdflugzeugen.

Bundesmarine: U-Bootjagd mit hohem Stellenwert

Zum Zeitpunkt ihrer Aufstellung am 2. Januar 1956 war die Bordfliegerei kein Thema in der Bundesmarine. Innerhalb des Nato-Bündnisses waren die Aufgaben klar definiert. Deutschland fiel die Sicherung und Überwachung der Seegebiete von Nord- und Ostsee zu. Dieser Auftrag erforderte kleine und mittlere schwimmende Einheiten. Flugzeugträger und Schlachtschiffe spielten dabei keine Rolle.

Zwar verfügte man von Beginn an über Helikopter, deren Verwendung in die Bereiche SAR, Transport und Aufklärung fielen. Doch operierten diese von Land aus. Eine Ausnahme bildete hier das Landungsboot LSM 537 „Krokodil". Zum Führungsschiff seines Geschwaders umgebaut, erhielt es unter anderem ein Hubschrauberarbeitsdeck, das von den seinerzeit eingesetzten SAR-Hubschraubern vom Typ Bristol B 171 Sycamore Mk 52 überwiegend zu Trainingszwecken genutzt wurde. Richtige Bordfliegerei fand in dieser frühen Phase auf den großen schwimmenden Einheiten der Nato-Partner USA, Frankreich und England statt.

Fairey Gannet AS.4 auf dem Ausstellungsfreigelände des Aeronauticum, dem Marineflieger Museum in Nordholz.

Fairey Gannet AS.4

Von Beginn an spielte hingegen die U-Bootjagd eine tragende Rolle bei den Marinefliegern. Dazu wurde im Mai 1958 die U-Boot-Jagdstaffel des späteren MFG 1 in Dienst gestellt.

Ausgerüstet war sie mit 16 fabrikneuen Fairey Gannet AS.4, einem optisch und technisch außergewöhnlichem Flugzeug aus britischer Produktion. Bei der Royal Navy setzte man die Maschine überwiegend als Trägerflugzeug ein. Entsprechend robust war sie gebaut, besaß mechanisch faltbare Ganzmetall-Knickflügel. Als Antrieb diente der Fairey Gannet ein aus zwei separaten Jet-Triebwerken bestehendes Turboprop-Triebwerk, das auf zwei gegenläufige Vierblatt-Luftschrauben wirkte.

Drei Soldaten bildeten eine Gannet-Besatzung: vorn im Cockpit der Pilot, dahinter der Navigator und Beobachter sowie der Funker und Radar-Operator, dessen Cockpit in der Flugzeugmitte positioniert war. Der Waffenraum nahm entweder zwei Torpedos oder zwei Fallschirmminen, außerdem Bomben, Wasserbomben sowie Sonobuoys-Ortungsbojen auf. Unter den Tragflächen bestand die Möglichkeit, 16 Raketen und weitere Sonarbojen zu montieren.

U-Jagd im MFG 4

In Westerland auf Sylt stellte die Bundesmarine 1963 das MFG 4 auf. Neben der Erprobung von Minensuch- und -räumverfahren mittels Hubschraubern vom Typ Sikorsky SH-34J war das Geschwader Versuchs- und Erprobungseinheit für ein zukünftiges U-Jagdgeschwader. Deshalb waren fünf seiner Hubschrauber – SC+263 bis SC+267 – speziell für die Bekämpfung von Unterwasserzielen aus-

Sikorsky SH-34 des MFG 4 mit eingerüstetem Übungstorpedo.

gelegt. Dazu bestückte man sie mit einem absenkbaren Tauchsonar AN/AQS-5 sowie zwei akustisch-zielsuchenden Torpedos Typ Mk 43. Ein unter ihrem Rumpf montiertes Doppler-Radar befähigte diese Maschinen, im Sonar-Modus über einer zuvor fixierten Position automatisch zu hovern. Bevor die SH-34J als Waffenträger für Torpedos einsatzbereit war, wurde das MFG 4 im Juli 1969 wegen finanzieller Umstrukturierungen nach 4266 geleisteten Flugstunden wieder aufgelöst.

Arbeit am Seeüberwachungsradar in der taktischen Auswertzentrale.

Der flüsternde Riese

Im Sommer 1966 ersetzte der Seefernaufklärer Bréguet BR 1150 Atlantic die Fairey Gannet AS.4, die ihren Aufgaben zum Schluss nur noch eingeschränkt gewachsen war. Die neue zweimotorige Maschine – im Nato-Sprachgebrauch ein Maritime Patrol Aircraft, kurz MPA – war ein Gemeinschaftsprojekt mehrerer europäischer Flugzeughersteller. In ihrer klimatisierten Druckkabine befanden sich die Bugkanzel, das Cockpit, Ruheräume, WC, Küche, die Heckbeobachterstation sowie das Herzstück, die taktische Auswertzentrale. Darin arbeiteten die Operatoren an Bildschirmen und Konsolen, bedienten die Sensoren und werteten Daten aus. Hinzu kamen der Navigations- und der Operationsoffizier, bei denen die einsatzstrategischen Fäden zusammenliefen. Komplettiert wurde das Team durch Funker, Navigator und Mechaniker.

Gegnerische Unterseeboote konnten mittels eines MAD-Ortungssystems, abwerfbaren Sonarbojen und einem Seeüberwachungsradar geortet werden. Die dazugehörige Antenne befand sich in einem ausfahrbaren Radom an der Bugunterseite. Das unterstützende EMS-System erfasste die Radarstrahlung von Objekten auf große Distanzen, konnte diese analysieren und zuordnen. Mittels Sniffer waren heiße Abgasemissionen thermisch lokalisierbar.

Eine Bewaffnung der Bréguet Atlantic war nur für den Kriegseinsatz und bei Manövern vorgesehen, da sich die tonnenschwere Zusatzbeladung negativ auf Reichweite, Flugdauer und Wirtschaftlichkeit auswirkte. Armiert worden wären die MPAs für den Abwurf von zielsuchenden Torpedos der Typen Mk 44 und Mk 46 sowie mit Wasserbombern. Bis 1981 bestand außerdem die Möglichkeit einer Bestückung mit je zwei Lenkflugkörpern AS-12 unter den Tragflächen.

Mehrfach wurden die flüsternden Riesen, wie die MPAs wegen ihrer geringen Lärmemissionen bezeichnet wurden, modernisiert und kampfwertgesteigert. Als Ersatz für die seinerzeit bereits über 40 Jahre alte Bréguet BR1150 Atlantic beschaffte die Deutsche Marine 2006 acht Lockheed P-3C Orion aus dem Bestand der königlich-niederländischen Marine. Dieses viermotorige MPA stellt eine Interimslösung dar, die sich zudem als zu kostenintensiv und technisch anfällig erwies. Ab 2025 soll die Orion von der Boeing P-8A Poseidon ersetzt werden, um die Fähigkeiten zur Seeüberwachung und U-Boot- Jagd für mindestens ein Jahrzehnt sicherzustellen.

Die Suche und Bekämpfung gegnerischer Unterseeboote war vier Jahrzehnte lang eine Hauptaufgabe des Seefernaufklärers Bréguet BR 1150 Atlantic.

Rechts unten: Torpedos im geöffneten Waffenraum einer Bréguet BR1150 Atlantic des MFG 3.

Nur eingeschränkt konnten die gebraucht von den niederländischen Marinefliegern erworbenen Lockheed P-3C Orion überzeugen, hier im Einsatz während der EU-Operation Atalanta.

Zukunftsmusik: Die Boeing P-8A Poseidon soll ab 2025 das neue MPA der Marineflieger werden.

Montage des M3M-Maschinengewehrs durch Soldaten der Bordwartungsgruppe.

MU 90, M3M, Skua ... – Lynx-Armierungen

Bei aller Begeisterung für die Fliegerei und Technik darf nicht vergessen werden: Bei der Westland Sea Lynx Mk 88A handelt es sich um ein wehrhaftes Waffensystem, primär gebaut für den tödlichen Kampfeinsatz gegen feindliche U-Boote – und exakt für diesen Zweck wurden die Maschinen 1981 von der Bundesmarine beschafft. Hauptarmierung des Bordhubschraubers sind die beiden von ihm mitgeführten Torpedos. Für Angriffs- und Verteidigungszwecke auf geringe Distanzen kann außerdem ein M3M-Maschinengewehr eingerüstet werden. Der äußerst wirkvolle Lenkflugkörper Sea Skua gehört zwischenzeitlich nicht mehr zur Lynx-Armierung.

Ein für die Sea Lynx typischer Kampfeinsatz – so das angenommene militärstrategische Szenario, das von der 3. Staffel bislang nur im Manöver geübt wurde – sieht folgendermaßen aus: Die Fregatte operiert am Rande eines Seegebiets, in dem Unterwasserstreitkräfte des Gegners vermutet werden oder bereits mittels Radar geortet sind. Die beiden Bordhubschrauber werden auf das Ziel angesetzt. Die als Dipper bezeichnete Lynx taucht über dem Kontakt seinen Sensor, das Tauchsonar AN/AQS-18, ins Wasser. Die zweite Maschine, Pony genannt, wartet in der Nähe bis das Ziel erfasst, bestätigt und der Waffeneinsatz aus der OPZ der Fregatte befohlen wird. Ist dies der Fall, feuert diese Lynx einen oder zwei Torpedos auf das nun präzise lokalisierte Unterwasserziel ab.

Der Dipper platziert sein Tauchsonar AN/AQS-18 unter der Wasseroberfläche.

Übungstorpedo vom Typ DM 58.

Bei modernen Torpedos handelt es sich um autonom operierende Unterwasserwaffen, die so konstruiert sind, dass sie bei Kontakt oder in der Nähe eines Ziels, je nach Programmvorwahl, detonieren. Eingesetzt werden sie von U-Booten, Überwasserschiffen, Hubschraubern und Flächenflugzeugen.

U-Bootjagd mit Torpedos

Mit Einführung der Sea Lynx Mk 88 griff man zunächst auf Torpedos vom Typ DM 4A1 zurück, ersetzte diese aber recht zügig durch den moderneren Mk 46. Dieser Leichtgewichtstorpedo wurde Mitte der 60er-Jahre speziell zur U-Bootbekämpfung von Alliant Techsystems Inc. in den Vereinigten Staaten entwickelt und zwischenzeitlich mehrfach modifiziert. Schnell wurde er Nato-Standard, kommt auch heute noch bei den Streitkräften von mehr als zwei Dutzend Nationen zum Einsatz.

Bei den Bordhubschraubern der 3. Staffel findet die Variante Mk 46 Mod 2 Verwendung. 2,59 Meter misst der Torpedo in der Länge, der Durchmesser beträgt 324 Millimeter und sein Gewicht 231 Kilogramm. Angetrieben von einem Kolbenmotor mit interner Verbrennung von speziellem Otto-2-Monokraftstoff erreicht der Mk 46 eine Geschwindigkeit von 45 Knoten – 24,3 km/h – und eine maximale Distanz von bis zu 12 030 Yards, was 11 Kilometern entspricht. Dabei ist er ausgelegt für aktive oder passiv/aktive akustische Zielsuche im Modus Schlangen- oder Kreissuche. Der Gefechtskopf beinhaltet 44 Kilogramm hochexplosiven PBXN-103-Plastiksprengstoff.

Aktuell befindet sich der Mk 46 Mod 2 noch im Parallelbetrieb mit dem moderneren MU 90. Hierbei handelt es sich um eine 2,85 Meter lange und 304 Kilogramm schwere französisch-italienische Koproduktion, über die Hersteller EuroTorp vermeldet: „Entwickelt und gebaut mit der fortschrittlichsten Technologie, ist der MU 90 in der Lage, jede Art von nuklearen oder konventionellen U-Booten zu bekämpfen – selbst wenn sie akustisch beschichtet sind, tief tauchen, schnell ausweichen, Anti-Torpedo-Effektoren einsetzen oder in Küstengebieten auf Grund gehen. Das MU 90-Design bietet eine Höchstgeschwindigkeit von über 55 Knoten, ausgeklügelte Zielverfolgung und hochmoderne Tarnung."

Der Akustik-Gefechtskopf besitzt eine Hohlladung, die mit 32,7 Kilogramm Triaminotrinitrobenzol befüllt ist. Seine Explosivwirkung entspricht 123 Kilogramm TNT. Als Antrieb dient ein Elektromotor, kombiniert mit einer Aluminium-Silberoxid-Batterie. Je nach Geschwindigkeit be-

Nato-Standard-Torpedo Mk 46.

Abwurf eines von Bremsfallschirmen stabilisierten Trainingstorpedos MU 90 TE.

In der Torpedo-Werkstatt der Fregatte wird ein MU 90 für den Lynx-Einsatz modifiziert, unter anderem mit Fallschirmen zur Stabilisierung versehen.

trägt die Reichweite zwischen 12 und 25 Kilometern. Der MU 90 gehört zur Bewaffnung der französischen, italienischen, deutschen, dänischen, polnischen und australischen Seestreitkräfte.

Regelmäßig trainieren die deutschen Lynx-Piloten den Torpedoabwurf im Rahmen von Nato-Manövern. Vor dem Hintergrund eines solchen Szenarios montieren die Soldaten der Technischen Staffel Mk 88A eine spezielle Rüstrolle. Sie besteht aus links- und rechtseitigen Torpedoträgern, die jeweils unterhalb der Kabinentüren angebracht werden. Die Torpedos verbringen die Soldaten mit Hilfe eines Torpedobeladewagens zum Hubschrauber und hängen sie in ihre Lastenschlösser. Anschließend stellen sie die elektrische und mechanische Auslöseverbindung zum Helikopter her. Nach Eingang des Feuerbefehls klinkt der Pilot in Command, kurz PIC, den Torpedo aus, indem er den Waffenauslöseschalter betätigt. Die Fallgeschwindigkeit aus einer maximalen Abwurfhöhe von 300 Metern oder 1000 Feet wird durch einen Bremsfallschirm reduziert, der gleichzeitig die Flugbahn stabilisiert.

MU 90-Übungstorpedo.

M3M: 1100 Schuss pro Minute

Seit der Beschaffung 1996 von sieben Sea Lynx der modifizierten Version Mk 88A und dem anschließenden Umbau der älteren Mk 88-Bordhubschrauber auf diesen Standard, kann als Nahbereichswaffe ein Maschinengewehr montiert werden. Hierbei handelt es sich um die ursprünglich in den USA konstruierte Browning M2 HB, die in der Bundeswehr unter der Bezeichnung MG50-1 und bei der Deutschen Marine als M3M geführt wird. Pro Minute kann sie 1100 Schuss Munition im Nato-Kaliber 12,7 x 99 Millimeter pro Sekunde abfeuern. Mit fast 40 Kilogramm bringt der Rückstoßlader ein beachtliches Gewicht auf die Waage, die wirksame Schussweite liegt bei knapp 1,9 Kilometern.

Die Munitionszuführung erfolgt beim M3M linksseitig, kann aber bei Bedarf durch den Schützen rechtsseitig umgerüstet werden. Der Abfeuerungshebel der Waffe befindet sich am Bodenstück. Das Spannsystem ist ein Handspanngriff, der an der rechten Seite angebracht ist. Die Munition wird dem schweren Maschinengewehr durch einen Gurt mit Patronen, die in Gurtgliedern M9 gegurtet sind, zugeführt.

Das M3M gehört nicht zur Standardausrüstung der Mk 88A, sondern muss ebenfalls bei Bedarf als spezielle Rüstrolle angebaut werden. Bedient wird das Maschinengewehr durch den Ortungsmeister, der in diesem Fall als „Door Gunner“ bezeichnet wird.

Die Waffe wird bei der Rüstrolle auf eine Lafette montiert, die sich aus einer Rohrwiege und einer Drehachsenvorrichtung zusammensetzt. Die Rohrwiege absorbiert beim Feuern den Rückstoß und die Drehachsenvorrichtung ermöglicht das Bewegen des Maschinengewehrs in dem zulässigen Schwenkbereich nach links oder rechts. Installiert wird die Lafette auf einer starren Trägerplattform, die an den äußeren Befestigungspunkten des Bordschubschraubers verschraubt wird. Bei geöffneter Kabinentür kann das M3M von hier aus bedient und abgefeuert werden.

Zum Einsatz kommt das Maschinengewehr zur Verteidigung gegen angreifende Land-, See- und Luftziele, aber

Einrüstbarer Munitionscontainer mit einer Kapazität von 600 Schuss eingegurtet.

Bundeswehr/Jana Neumann

1100 Schuss pro Minute beträgt die Kadenz des M3M – Dauerfeuer ist jedoch keine Option, da die thermische Belastung zu hoch ist.

Wegen seiner Bauweise als Gasdrucklader feuert das M3M nahezu rückstoßfrei.

auch offensiv, wenn beispielsweise abgesetzten Boarding-Teams aus der Luft Feuerschutz gegeben werden muss. Hier seien insbesondere die Einsätze „Operation Enduring Freedom“ und „Atalanta“ genannt, bei denen das M3M alleine schon durch die bedrohliche Optik eine wirkungsvolle Abschreckung gegenüber somalischen Piraten darstellte.

In der Standardkonfiguration befinden sich – zu einem Gurt zusammengeklippt – 100 Schuss an der Waffe. Bei Bedarf können weitere, in speziellen Munitionskisten gelagerte MG-Gurte dieser Größenordnung mitgeführt werden. Außerdem besteht bei Szenarien mit potenzieller Konfliktgefahr die Möglichkeit, in der Kabine ein Rack samt Gurtumlenkung mit 600 Schuss zu montieren. Die tatsächliche Menge der mitgeführten Munition ist Abwägungssache, da sie je nach Abhängigkeit der operativen Lage als zusätzliches Gewicht mit eingeplant werden muss.

Vor dem Start der Sea Lynx ist die Waffe einsatzbereit montiert, befindet sich im gesicherten Zustand mit leerem Patronenlager, dem sogenannten teilgeladenen Zustand. Erst auf den Feuerbefehl hin macht der „Door Gunner“ das MG schussbereit. Geschossen wird nur in kurzen Feuerstößen, da bei der hohen Kadenz des M3M das Rohr extremen thermischen Belastungen ausgesetzt ist. Diese führen schnell zu Treffungenauigkeiten bis hin zum vorzeitigen Verschleiß des Rohrs.

Bei nächtlichen Einsätzen werden bisweilen Leuchtspur-Feuerstöße abgegeben, die ein Anvisieren des Ziels wesentlich erleichtern. Dabei ist im Gurt jede zehnte Patrone ein Phosphorgeschoss. Im sogenannten Katzenkorb, offiziell als Gurtgliederauffangkorb bezeichnet, werden die Verbindungsglieder des Munitionsgurtes zur späteren Wiederverwendung aufgefangen.

Raubmöwe mit Mach 0,9

Sehr zum Bedauern der Soldaten der 3. Staffel steht das schärfste Schwert der Sea Lynx, der Lenkflugkörper Sea Skua – auf Deutsch Raubmöwe – seit 2011 nicht mehr zur möglichen Bewaffnung. Der Hersteller British Aircraft Corporation Ltd. hatte die Produktion des leichten Raketensystems und der Ersatzteile eingestellt. Hierbei handelte es sich eine äußerst präzise Anti-Schiff-Lenkwaffe, die auf kurze Distanz auf Überwasser-Seeziele

Die 83+02 mit eingerüsteter Sea Skua.

abgefeuert wurde. Ihre maximale Reichweite lag bei 13,5 Seemeilen, die Höchstgeschwindigkeit um Mach 0,9. Beim Aufschlag auf das gegnerische Ziel detonierte der panzerbrechende, mit 25 Kilogramm Sprengstoff bestückte Gefechtskopf im Inneren des Schiffs. Ein Feststoff-Raketenmotor diente als Antrieb.

Die Sea Skua war semiaktiv und wurde mittels Radar gelenkt. Das bedeutet, der LFK besaß nur einen Empfänger für die vom Hubschrauber ausgestrahlten Radarsignale, strahlte aber selbst nicht. Unmittelbar nach dem Abschuss konnte der Hubschrauber abdrehen und sich vom feindlichen Kontakt entfernen. Auch nach der Kursänderung übernahm die Antenne die Zielbeleuchtung und führte die Lenkwaffe ins Ziel.

Die Royal Navy setzte den LFK, abgefeuert von Sea Lynx-Hubschraubern, erfolgreich während des Falkland- und des Zweiten Golfkriegs ein. Die Verwendung der Sea Skua bei den Bordhubschraubern der 3. Staffel war ursprünglich gar nicht vorgesehen.

Vielmehr erprobte man sie ab 1987 im Rahmen einer Kampfwertsteigerung bei den Sea King-Helikoptern des MFG 5, was technisch reibungslos funktionierte. Doch gab man diese Fähigkeit nach einer strategischen und taktischen Neuausrichtung auf und übergab das LFK-System Sea Skua an die Sea Lynx-Staffel des MFG 3 „Graf Zeppelin". Den scharfen Schuss trainierten die Mk 88A-Besatzungen über See in Aberport of Cardigan Bay in Wales und vor Kapstadt in Südafrika.

Links:
Lynx der Royal Navy beim Sea Skua-Manöverschießen in Portland.

Ursprünglich wurde das Waffensystem Sea Skua von den Sea King-Hubschraubern des MFG 5 erprobt.

Lynx unmittelbar vor dem Start, der Pilot hat die Hand bereits am Leistungshebel für das Triebwerk 2

Einblicke: Cockpit und Sonarkonsole

Bei ihrer Einführung 1981 beim MFG 3 „Graf Zeppelin“ galt die Westland Sea Lynx Mk 88 als weltweit modernster Kampf- und Bordhubschrauber für die U-Bootjagd. Nochmals gefestigt wurde dieser Status durch den Umbau auf Mk 88A-Standard. Doch mittlerweile hat der Lynx seine Modernität, trotz Kampfwertsteigerung, verloren und andere Luftfahrzeugmuster die einst führende Rolle übernommen. Dennoch gilt die Maschine bis heute als äußerst zuverlässig und hart im Nehmen, besitzt die allerhöchste Wertschätzung des fliegenden Personals und der Bodencrews. Der Blick ins Cockpit und auf die Konsole des Ortungsmeisters gibt Aufschluss über die technischen Funktionsweisen und Zusammenhänge.

Ortungsmeister an der Sonarkonsole einer Mk 88, fotografiert Mitte der 90er-Jahre.

Cockpitlayout - Dashboard

1 VVI – vertical velocity indicator
= Steig- und Sinkanzeige
2 Torquemeter = Drehmomentanzeige
3 Geschwindigkeitsanzeige in Knoten
4 Doppleranzeige
5 Wahlschalter VOR/TACAN
6 Wahlschalter Kompass Magnetisch Nord/wahres Nord
7 Kompass
8 künstlicher Horizont
9 Radarhöhenmesser
10 CDU – Control Display Unit
11 Druckanzeigen Hydraulik 1-4
12 Getriebeöldruck
13 Getriebeöltemperatur
14 Triebwerksöldruck 1 + 2
15 Triebwerksöltemperatur 1 + 2
16 Treibstoffanzeige
17 Wahlschalter Tankgruppe
18 M.A.S.S. Sicherheitsschalter
19 Waffenwahlschalter für Light Stores
20 Turbinendrehzahl Triebwerk 1, Hochdruckverdichter
21 Turbinendrehzahl Triebwerk 2, Hochdruckverdichter
22 Arbeitsturbineneinlasstemperatur 1
23 Arbeitsturbineneinlasstemperatur 2
24 Drehzahlanzeige Rotor, Arbeitsturbine 1 + 2
25 Hilfsnavigationsanzeige
26 Wahlschalter Notanwurf
27 Warnleuchtentafel
28 Transition Down-Light
29 Uhr
30 Geschwindigkeitsanzeige in Knoten
31 Torquemeter = Drehmomentanzeige
32 künstlicher Horizont
33 MFD Multi-Funktions-Display
34 Radarhöhenmesser
35 Doppleranzeige
36 barometrischer Höhenmesser
37 VVI – vertical velocity indicator
= Steig- und Sinkanzeige
38 Anzeige Sonarkabel ausgefahren in Meter
39 zentraler Löschschalter
40 Auslöser Heavy Stores, Torpedo/Sea Skua
41 Anzeige Sonarkontakt in Richtung und Entfernung
42 Anzeige Harpone an Deck verriegelt
43 Kombiniertes Sichtgerät, Radar/FLIR

Cockpitlayout – Centerkonsole

1 MFD Multi-Funktions-Display
2 Funk-Intercom-Bedieneinheit
3 IFF-Transponder
4 TACAN
5 Kompass-Kontrolleinheit
6 Funkgeräte-Bedieneinheit
7 Doppler Valid Lock Monitoring Switch
8 Hauptschalter Doppler
9 Hauptschalter Radar
10 Wahlschalter VOR Navigation
11 Lüfter Testschalter
12 Hauptschalter Funkgerät 1
13 Hauptschalter Funkgerät 2
14 Hauptschalter HF Funkgerät
15 Hauptschalter CDU 1
16 Hauptschalter CDU 2
17 Transitionprogramm-Bedienfeld
18 Engageanzeige Transition
19 AFCS-Bedieneinheit
20 NULL Indicator
21 Outside Air Temperature
22 Wahlschalter Hoistbedienung Crew/Pilot
23 Hauptschalter Cargo
24 Hauptschalter Harpoone
25 Morselichtschalter/Taster
26 Caster-Switch für das Drehen des Bugrads
27 Schalter Radverriegelungsanlage
28 Trim-Aktivierung für Cyclic
29 Schalter Scheibenwischwasser
30 Wahlschalter Scheibenwischen schnell/langsam
31 Scheibenwischerschalter an/aus/parken
32 Cockpitlüftung/-heizung

Cockpitlayout – Overheadpanel

1 Anticollitionlight, unteres
2 Anticollitionlight, oberes, Wahlschalter weiß/rot
3 Positionslichter, hell/gedimmt
4 Positionslichter, konstant/blinkend
5 Kabinenlüfter Wahlschalter heiß/kalt
6 Kabinenheizung
7 Staurohrheizung an/aus
8 Scheibenheizung links
9 Scheibenheizung rechts
10 Triebwerksvereisungsschutz, Triebwerk 1
11 Triebwerksvereisungsschutz, Triebwerk 2
12 Beleuchtung Whiskey/Standby-Kompass
13 Instrumentenbeleuchtung
14 Wahlschalter Hilfsgerätegetriebe/Hauptgetriebe
15 Generatoren 1 und 2 Wechselstrom
16 Fuel management board
17 Treibstoffschnellablass
18 Triebwerksfeuerlöschanlage
19 Batteriehauptschalter und Gleichstromgeneratoren
20 Dimmer VOR/ILS Anzeige
21 Dimmer Instrumentenanzeigen Mitte
22 Dimmer Instrumentenanzeige rechts
23 Dimmer Overheadpanel
24 Dimmer Mittelkonsole
25 Dimmer Instrumentenbeleuchtung links
26 Rotorbremse
27 Leistungshebel Triebwerk 1
28 Feinjustierung Triebwerk 1 und 2
29 Leistungshebel Triebwerk 2
30 Temperaturregelung Kabinenheizung
31 Kaltstarthilfe Triebwerk 1 und 2
32 Notkompass

Sonarpanel

1 Regler Cursor Intensität
2 Regler Bildschirm Intensität
3 Regler Videoeingangssignal
4 Regler Audioeingangssignal
5 Bildschirm
6 Entfernungsgeschwindigkeit
7 Wahlschalter Sonar/Sonar Daten Katalog
8 Anschalter
9 Testanzeigen
10 Wahlschalter Moving Target Indicator Schwellenwert
11 Richtungsanzeige zum Ziel
12 Entfernungsanzeige zum Ziel
13 Wahlschalter Maßstab Bildschirmanzeige in Tausend
14 Schalter Audio
15 Wahlschalter Frequenzbereich
16 Schalter Zielbestätigung
17 Wahlschalter Aktiv/Passiv
18 Bewegen des Cursors

Cyclic Stick

1 Trim-Hut AFCS-Steuerung
2 Funktaste
3 AFCS Cyclic release
4 AFCS Cyclic Maneuver Button
5 AFCS Cutout
6 External cargo release

Collectiv Lever

1 Emergency Jettison
2 Landescheinwerfer an/aus/retract
3 Hydraulik Aus Schalter Hyd 1 und Hyd 2
4 Windenbedienschalter Pilot
5 Steuerung Landescheinwerfer
6 AFCS Collectiv Höhenhaltung aus

Die 83+04 auf dem Landedeck der „Mecklenburg-Vorpommern“ in malerischer Kulisse vor der norwegischen Küste.

Fregatten und weitere Einsatzplattformen

Landen auf einem fahrenden Schiff, Deckslandungen genannt, gehören wohl zu den anspruchsvollsten Dingen, die man in der Fliegerei machen kann. Bei ruhiger See ist es nicht das große Problem, mal davon abgesehen, dass die Landefläche sehr klein und in Bewegung ist. Aber bei Sturm und starkem Wellengang sieht das Ganze schon anders aus. Da ist es plötzlich nicht nur eine kleine Landefläche. Nein, sie bewegt sich auch noch in alle Richtungen. Mit Vorwärtsfahrt geht es auf und ab, schwankt von Backbord nach Steuerbord und wieder entgegengesetzt, neigt sich auch noch vor und zurück. Die Bewegungen werden langsamer, wenn das Schiff in eine Welle eintaucht und wird schneller, wenn das Schiff wieder aus der Welle heraus ist. Und als ob das noch nicht genug ist, wächst der Anspruch an den Piloten nachts bei Dunkelheit. Wobei, der Eine oder Andere landet lieber nachts bei so einem Wetter – da nimmt man das ganze Drama nicht so in voller Tragweite wahr. In der Dunkelheit erkennt der Mann am Cycle Stick nicht viel vom Schiff und dem Tanz, den es ausführt. Er konzentriert sich auf die Anzeigen, die Referenzpunkte an Bord sowie den Einweiser, der Paddels genannt wird.

Doch wie nahm die Bordfliegerei mit Hubschraubern bei den Seestreitkräften der Bundeswehr überhaupt ihren Lauf? Die ersten Gedanken in der Marineführung zum Helikopter-Einsatz von Schiffen aus, sind deutlich älter, als die meisten denken werden. Bereits 1958 stellte der

Das Landungsschiff L 750 „Krokodil“ erhielt zu Trainingszwecken ein Landedeck.

Z 5 aus der ursprünglich für die US Navy gebauten Fletcher/Z 119-Klasse.

Rechts oben: Zerstörer „Schleswig-Holstein“ der Hamburg/Z 101-Klasse.

Der in den USA gebaute Zerstörer „Rommel“ der Lütjens/Z 103-Klasse.

damalige Befehlshaber der Seestreitkräfte Nordsee, Flottillenadmiral Karl-Adolf Zenker, Überlegungen in diese Richtung an. 1965 zog er – zwischenzeitlich Konteradmiral und Inspekteur der Marine – in Erwägung, Fregatten der Köln-Klasse zur Aufnahme von Hubschraubern baulich zu modifizieren. Es dauerte noch einmal drei Jahre, bis die Bundesmarine ihr erstes Landedeck bekam. Das Landungsschiff L 750 „Krokodil“ wurde zum Führungs- und Arztschiff umgebaut. 1968 führte man die ersten Landungen mit einer Bristol B.171 Sycamore durch. Die Tests verliefen vielversprechend, doch vier Jahre später stellte man die „Krokodil“ außer Dienst. Nun sollte es noch einmal zehn Jahre dauern, bis tatsächlich Schiffe zur Flotte stießen, die über Hubschrauber als integrale Bestandteile des Waffensystems Fregatte verfügten.

Als Folge der US-Nuklearstrategie „Flexible Response“ waren die Nato-Partner gefordert, den amerikanischen Partner zu entlasten und die Sicherheit der Seewege in der Nordsee zu gewährleisten. Diese Aufgabe erfüllte die Bundesmarine in den ersten drei Jahrzehnten nach ihrer Gründung mit den sechs in den USA zugekauften Zerstörern der Fletcher/Z 119-Klasse und den drei Zerstörern der Lütjens/Z 103-Klasse Hinzu kamen die in auf der Hamburger Werft H. C. Stülcken Sohn gebauten vier Zerstörer der Hamburg/Z 101-Klasse. Hier entstanden außerdem die vier Fregatten der Köln/F 120-Klasse. In den 70er-Jahren setzte die Nordmeerflotte der Sowjetunion vermehrt U-Boote im Atlantik und in der Nordsee ein. Als Antwort auf diese neue strategische Herausforderung und um die zwischenzeitlich veralteten Zerstörer zu ersetzen, wurden Mehrzweckschiffe entwickelt, die besonders dieser U-Bootbedrohung entgegenwirken sollten.

Fregatte „Köln", das Typschiff der F 120-Klasse.

Deutsch-niederländische Kooperation

Im Juni 1973 nahm die Projektgruppe PG 11 der Nato ihre Arbeit auf. Aufgabenstellung war es, die individuellen Anforderungen der neun Bündnisstaaten an eine Fregatte für die kommenden beiden Jahrzehnte zu definieren. Man wollte die größtmögliche Gemeinsamkeit hinsichtlich ihrer Konfiguration herausschärfen, um die Entwicklungs- und Beschaffungskosten zu minimieren und zugleich eine möglichst weitgehende Standardisierung zu erreichen. Das Ergebnis der PG 11 trug die Bezeichnung „Nato-Frigate for the 1970th".

Deutschland und die Niederlande vereinbarten im April 1974 den gemeinsamen Bau einer Nato-Fregatte, während sich die übrigen Nationen aus der PG 11 zurückzogen. In der Folge erwarb die Bundesrepublik die Spezifikationen für die Standard-Fregatte der niederländischen Kortenaer-Klasse, die somit zur Basis für die deutsche Fregatten-Konstruktion F 122 wurde.

Das Typschiff „Bremen" dieser Baureihe wurde am 7. Mai 1982 von der Werft Bremer Vulcan abgeliefert und von der Bundesmarine in Dienst gestellt. Bis 1990 folgten sieben Schwesterschiffe. Die Fregatten der Bremen/F 122-Klasse erfüllten vollumfänglich die Forderungen der Marineführung an ein allwetterfähiges Mehrzweckschiff mit hoher Seeausdauer. Sie waren hervorragend für Operationen in der offenen See geeignet, für Einsätze in Randmeeren wie der Nordsee unübertroffen. Zum ersten Mal in der Geschichte der deutschen Marine kamen auf diesen Fregatten zwei Bordhubschrauber als wesentlicher Bestandteil des Waffensystems zum Einsatz. Sie erhöhten die Ortungs- und Bekämpfungsreichweiten der Fregatten gegen U-Boote und Überwasserschiffe erheblich, trugen außerdem zu einer Verstärkung der Search and Rescue-Komponente der Flotte bei. Von Beginn an war die Sea Lynx Mk 88 fester Bestandteil bei der Konzeption und Konstruktion der Fregatten – vom Flugbetrieb über die technische Betreuung bis hin zur Unterbringung von Personal und Material des Hauptabschnitts 500.

Zeichnerische Darstellung der F 122-Fregatte aus der Projektphase.

Fregatte „Niedersachsen" der Bremen/F 122-Klasse als Teil eines Nato-Verbands im Nordatlantik.

Technische Daten der Bremen/F 122-Klasse

Einheiten:	Bremen, Niedersachsen, Rheinland-Pfalz, Emden, Köln, Karlsruhe, Augsburg, Lübeck
Abmessungen:	
Länge	130,5 m
Breite	14,6 m
Tiefgang	6,5 m
Verdrängung	3650 t
Besatzung	204 Personen
Antriebsanlage:	
Maschine	CODOG-Antrieb, 2 General Electric LM2500 Gasturbinen 2 Dieselmotoren MTU 20V 956 TB 92
Leistung	21 820 kW/29 667 PS
max. Geschwindigkeit	30 kn/56 km/h
Antrieb	zwei Verstellpropeller über Umlaufrädergetriebe

Bewaffnung:
1 x 76 mm Oto Melara-Geschütz 76/62 Compact
27 mm Rheinmetall-Geschütz MLG 27
2 x Doppelstarter mit acht Seezielflugkörpern Harpoon
Achtfach-Starter für RIM-7 Sea Sparrow-Luftabwehrraketen
2 x Zwillingstorpedorohre für Mk 42
Nahbereichsverteidigungssystem RIM-116 RAM gegen anfliegende Flugkörper
2 x Bordhubschrauber Sea Lynx Mk 88A

Sensoren:
Luftraumradar TRS-3D, Feuerleitradar WM25/STIR, Sekundärradar Hensoldt MSSR 2000I IFF, Bugsonar Atlas Elektronik DSQS 21, Datenaustauschsystem Link 16

Versorger, Tender, Trossschiffe ...

Rechts: Das Trossschiff „Freiburg" erhielt im Zuge eines Umbaus ein Landedeck im Heckbereich.

Alle Schiffsneubauten der Marine, die nun kommen sollten, besaßen ein Hubschrauberlandedeck, auch wenn sie nicht selbst über eingeschiffte Helikopter verfügen. So wie die sechs Tender der zwischen 1993 und 1994 in Dienst gestellt Elbe/404-Klasse. Sie haben zwar ein Landedeck, aber keinen Hangar und können somit keine Bordwartungsgruppe mitführen. Das Landedeck dient zur Versorgung der Schiffe und Boote, dem Verbringen von Personal und Material sowie für Rettungsflüge. Bereits 1984 hatte man das 1968 gebaute Trossschiff „Freiburg" im Zuge einer Rumpfverlängerung mit einem Hubschrauberlandedeck versehen. Das bewährte sich 1991 im Rahmen der Operation Südflanke während des ersten Golfkriegs und später bei der Operation Enduring Freedom, an der die „Freiburg" zweimal beteiligt war.

F 123: die zweite Generation

Als Ersatz für die Zerstörer der Hamburg/Z 101-Klasse wurden zwischen 1994 und 1996 vier Fregatten der Brandenburg/F 123-Klasse in Dienst gestellt. Baulich und konzeptionell orientierten sie sich an den Einheiten der Bremen/F 122-Klasse, waren Mehrzweckkampfschiffe mit der Hauptaufgabe U-Boot-Bekämpfung. Noch in der Ära des Kalten Kriegs entworfen, sollten sie ursprünglich als Geleitschiffe eingesetzt werden. Nach dem Zusammenbruch des Ostblocks wurden sie für alle Einsätze, an der die Marine beteiligt war, weltweit eingesetzt. Die Fregatten waren geringfügig größer als ihre Vorgänger, hinsichtlich ihrer Bewaffnung und Sensorik jedoch deutlich moderner und somit kampfstärker. Auch hier waren zwei Sea Lynx-Hubschrauber fester Bestandteil des Waffensystems.

Links:
Fregatte „Schleswig-Holstein“ der Brandenburg/F 123-Klasse, gebaut auf der HDW-Werft in Kiel.

Technische Daten der Brandenburg/F 123-Klasse

Einheiten:	Brandenburg, Schleswig-Holstein, Bayern, Mecklenburg-Vorpommern
Abmessungen:	
Länge	139 m
Breite	16,7 m
Tiefgang	6,3 m
Verdrängung	4900 t
Besatzung	236 Personen
Antriebsanlage:	
Maschine	CODAG-Anrieb 1 General Electric LM 2500 Gasturbine 2 Dieselmotoren MTU 20V 956 TB92
Leistung	38 000 kW/51 666 PS
max. Geschwindigkeit	29 kn/54 km/h
Antrieb	zwei Verstellpropeller über Renk Summiergetriebe

Bewaffnung:
1 x 76 mm Oto Melara-Geschütz 76/62 Compact
2 x 27 mm Rheinmetall-Geschütz MLG 27
2 x Achtfachstarter für Seezielflugkörper Harpoon
1 x Senkrecht-Startsystem VLS Mk41 für Flugabwehrraketen ESSM und SM2
2 x Starter für Nahbereichsflugabwehr RIM-116 RAM
2 x Drillingstorpedorohre für Mk 46
4 x Täuschkörperwurfanlage MASS
2 x Bordhubschrauber Sea Lynx Mk 88A

Sensoren:
Führungs- und Waffeneinsatzsystem SABRINA 21, Multifunktionsradar SMART-S, Luftraum-Überwachungsradar LW 08, Zielbeleuchtungsradar STIR 180, Bugsonar Atlas Elektronik DSQS-23BZ, Elektronisches Aufklärungs- und Kampfsystem FL 1800 S, Video- und Infrarot-Zielverfolgung MSP 600

Dickschiffe: Die Einsatzgruppenversorger

2001 folgte die erste nicht als Kampfschiff konzipierte Einheit, die einen eigenen Bordhubschrauber bekommen sollte: der Einsatzgruppenversorger „Berlin“, EGV Klasse 702. Ein Jahr später folgte die „Frankfurt am Main“ und 2013 die „Bonn“. Mit rund 20 000 Tonnen Verdrängung sind sie die größten schwimmenden Einheiten der Deutschen Marine. Sie versorgen Einsatzverbände in See mit allen notwendigen Ressourcen wie Kraftstoff, Verpflegung, Material und Munition. Als Multifunktionsschiffe stellen die EGVs außerdem medizinische Spezialkapazität bereit sowie für Führungsaufgaben satellitenbasierte Kommunikationstechnik.

Jederzeit – wenn es der Missionsauftrag erfordert – können die Einsatzgruppenversorger einen Bordhubschrauber samt einem kompletten Hauptabschnitt 500 mitführen. Primär vorgesehen war hierfür der mittlere Transport- und SAR-Hubschrauber Westland Sea King Mk 41 der 1. Staffel des MFG 5. Zu ihren Aufgaben gehört es,

EGV „Berlin“ versorgt in See die Luftabwehr- und Führungsfregatte „De Ruyter“ der königlich-niederländischen Marine.

Startvorbereitung einer Sea King auf dem Landedeck des EGV „Berlin“.

Rechts:
Die Fregatte „Hamburg“ mit ihrem Führungsschiff, dem italienischen Helikopterträger „San Giorgio“, 2020 im Mittelmeer im Rahmen der Mission Irini.

die Schnittstelle zwischen See und Land zu bilden, da die Schiffe nicht immer in einem Hafen anlegen können oder wollen. Neben dem Personal- und Materialtransport zählen auch Seeraumüberwachung, Embargokontrolle, das Verbringen von Boardingteams und Spezialkräften oder auch der Geleitschutz zu ihrem Leistungsspektrum. Mehrfach wurden in der Vergangenheit auch Sea Lynx Mk 88A bei Auslandseinsätzen eingeschifft.

Spezialisiert auf Luftabwehr

Als Ersatz für die zwischen 1999 und 2003 ausgemustert Zerstörer der Lütjens-Klasse stellte die Deutsche Marine von 2004 bis 2006 die drei Fregatten der Sachsen/F 124-Klasse in Dienst. Sämtliche Sensoren und Waffen an Bord sind für ihre Hauptaufgabe Flugabwehr innerhalb von Verbänden aus Kriegs- und Handelsschiffen optimiert. Mit ihrem Radar kann eine einzelne Einheit den Luftraum über der gesamten Nordsee überwachen und ist gleichzeitig in der Lage, mehr als 1000 Ziele gleichzeitig zu erfassen. Ihre SM2-Flugabwehrraketen haben eine Reichweite von über 160 Kilometern.

Die „Sachsen“ und ihre beiden Schwesterschiffe sind dank ihrer hervorragenden Kommunikationsanlagen mit Funk- und Satellitenverbindungen in der Lage, mehrere Kriegsschiffe eines Verbands gleichzeitig zu führen. Ihre Sea Lynx-Bordhubschrauber dienen der weitreichenden Bekämpfung von Unterseebooten. Auch wenn sie Fregatten genannt werden, handelt es sich bei diesen Kriegsschiffen um Zerstörer, legt man denn internationale Maßstäbe zu Grunde. Viele Fachbücher klassifizieren sie als einen solchen Schiffstyp. Eine Vermutung, warum diese drei Einheiten von der Deutschen Marine als Fregatten bezeichnet werden, lautet, dass sich „Zerstörer“ zu martialisch und nicht mehr zeitgemäß anhört.

Neue Aufgaben und Fähigkeiten

Die vier zwischen 2019 und 2022 in Dienst gestellten Fregatten der Baden-Württemberg/F 125- Klasse ersetzten die acht Fregatten der Bremen-Klasse. Gegenüber den Vorgängern wurde ihr Befähigungsspektrum deutlich erweitert. Zu den Hauptaufgaben zählen die Seeraumüberwachung bei Stabilisierungseinsätzen in Krisenregionen, die Unterstützung von Spezialkräften von See aus sowie der Beschuss von Zielen an Land. Die Fregatten erfüllen ihren Einsatzzweck im Rahmen der Bündnisvertei-

Technische Daten der Sachsen/F 124-Klasse

Einheiten:	Sachsen, Hamburg, Hessen
Abmessungen:	
Länge	143 m
Breite	17,4 m
Tiefgang	6,0 m
Verdrängung	5800 t
Besatzung	255 Personen
Antriebsanlage:	
Maschine	CODAG-Antrieb 1 General Electric LM2500 Gasturbine 2 Dieselmotoren MTU 20 V 1163 TB93
Leistung	38 300 kW/52 074 PS
max. Geschwindigkeit	29 kn/54 km/h
Antrieb	zwei Verstellpropeller über Renk Cross Connect-Getriebe

Bewaffnung:
1 x 76 mm Oto Melara-Geschütz 76/62 Compact
6 x 27 mm Rheinmetall-Geschütz MLG 27
2 x Viererstarter für Seezielflugkörper Harpoon
1 x Senkrecht-Startsystem VLS Mk41
für Flugabwehrraketen ESSM und SM2
2 x Starter für Nahbereichsflugabwehr RIM-116 RAM
2 x Drillingstorpedorohre für Mk 42
4 x Täuschkörperwurfanlage MASS
2 x Bordhubschrauber Sea Lynx Mk 88A

Sensoren:
Führungs- und Waffeneinsatzsystem Combat Direction System, Multifunktionsradar APAR, Weitbereichs-Luftraumradar Smart L, Bugsonar Atlas Elektronik DSQS-24B, Elektronisches Aufklärungs- und Kampfsystem FL 1800 S, Video- und Infrarot-Zielverfolgung MSP 500

Technische Daten der Baden-Württemberg/ F 125-Klasse

Einheiten:	Baden-Württemberg, Nordrhein-Westfalen, Sachsen-Anhalt, Rheinland-Pfalz
Abmessungen:	
Länge	149,5 m
Breite	18,8 m
Tiefgang	5,4 m
Verdrängung	7200 t
Besatzung	196 Personen
Antriebsanlage:	
Maschine	CODLAG-Anrieb 1 General Electric LM 2500 Gasturbine 4 Dieselmotoren MTU 20V 4000 M53B 2 Elektromotoren
Leistung	31 600 kW/42 964 PS
max. Geschwindigkeit	28 kn/52 km/h
Antrieb	zwei Verstellpropeller über Renk-Verteil- und Hauptgetriebe

Bewaffnung:
1 x 176 mm Leonardo S.p.A.-Hauptgeschütz 127/64Lightweight, 2 x 27 mm Rheinmetall-Geschütz MLG 27
5 x 12,7 mm Maschinengewehr HITROLE N, 2 x Viererstarter für Seezielflugkörper Harpoon, 1 x Senkrecht-Startsystem VLS Mk41, für Flugabwehrraketen ESSM und SM2
2 x Starter für Nahbereichsflugabwehr RIM-116 RAM
2 x Drillingstorpedorohre für Mk 42, 4 x Täuschkörperwurfanlage MASS, 2 x Bordhubschrauber Sea Lynx Mk 88A

Sensoren:
Atlas-Führungs- und Waffeneinsatzsystem, Multifunktionsradar TRS-3D/NR, Weitbereichs-Luftraumradar Smart L, 360-Grad-Infrarotüberwachung SIMONE, Freund-Feind-Erkennung Hensoldt MSSR 2000I & LTR 400, Elektronisches Aufklärungs- und Kampfsystem KORA 18, Video- und Infrarot-Zielverfolgung MSP 600

digung, Krisenprävention, bei humanitären Rettungsmissionen, der Terrorismusbekämpfung und bei der Abwehr asymmetrischer Bedrohungen, beispielsweise die Bekämpfung von Piraterie.

Konzipiert für eine Intensivnutzung können die Einheiten der Baden-Württemberg/F 125- Klasse mit 5000 Betriebsstunden bis zu zwei Jahre durchgängig unabhängig vom Heimathafen operieren. Ihr Mehrbesatzungskonzept sieht acht Mannschaften für die vier Schiffe vor, die bei Bedarf auch während einer Mission getauscht werden. Weitere Innovationen dieser technologisch weltweit führenden Kriegsschiffe sind die jeweils vier großen, vielfältig verwendbaren Buster-Festrumpfschlauchboote, die fünf mittels optischer Sensoren ferngesteuerten 12,7-Millimeter-Maschinengewehre sowie Videoüberwachung und Anti-Taucher-Sonar für ein sicheres Umfeld beim Ankern oder im Hafen. Bewaffnung und Sensoren sind auf dem modernsten Stand der Rüstungstechnik.

Als Folge der veränderten Sicherheitslage endete 2016 die Ära der Schnellboote bei der Deutschen Marine. Ersetzt wurden diese Einheiten durch zunächst fünf Korvetten der Braunschweig/K 130 Klasse. Mit dem zweiten Baulos werden bis 2025 drei weitere Kampfschiffe dieser Baureihe folgen. Ausgelegt sind sie dank langer Seeausdauer für den weltweiten Einsatz. Zu ihren Hauptaufgaben gehören die Überwachung und Aufklärung der Überwasserlage wie auch die Bekämpfung von See- und Landzielen. Darüber hinaus besitzen sie umfangreiche Aufklärungs- und Störmöglichkeiten der gegnerischen Kommunikation, sind zudem aufgrund ihrer Stealth-Eigenschaften nur schwer zu orten. Haupteinsatzgebiete sind Küstengewässer und Randmeere. Hauptwaffen der Korvetten sind der Flugkörper RBS15 und die Nahbereichsflugabwehr RAM zur Selbstverteidigung. Sie verfügen über ein Landedeck, sind aber nicht für die dauerhafte Aufnahme von Bordhubschraubern im Rahmen einer Mission ausgelegt. Zukünftig sollen sie außerdem als Plattform für Helikopterdrohnen verwendet werden.

Links: Fregatte „Nordrhein-Westfalen“ verlässt ihren Heimathafen Wilhelmshaven.

Die Korvetten „Oldenburg“ und „Erfurt“ fest vertäut an der Pier.

Seit 1998 ist das Lynx-Cockpit das zweite Zuhause von Markus Gawlitza.

Lynx-Pilot mit Leib und Seele

Er ist einer der dienstältesten und erfahrensten Sea Lynx-Piloten der Deutschen Marine, einer von jener Sorte, die man als Urgestein bezeichnen könnte: Markus Gawlitza, Fregattenkapitän, 32 Dienstjahre, 4860 Flugstunden, davon über 4000 auf der Lynx. Aus erster Hand und in „his own words" hier sein autobiografischer Bericht über den Weg eines flugbegeisterten Buben aus der Vorderpfalz zum Marinefliegeroffizier im Cockpit der Mk 88A auf und über fast allen Weltmeeren.

Fregattenkapitän Markus Gawlitza auf dem Vorschiff der „Bayern" 2021 im Indopazifik.

Austausch der Bordhubschrauber und der Soldaten des Hauptabschnitts 500 auf dem US-Stützpunkt in Guam.

Etwas wehmütig blicke ich, auf einer ablaufenden Barkasse stehend, zurück auf die Fregatte „Bayern", die nun Kurs Richtung Nord gelegt hat und mit der Fahrt angegangen ist. Vor ein paar Minuten hatte ich dem Kommandanten des Schiffs, Fregattenkapitän Kalski, kurz und fest die Hand gedrückt, mich mit einem schnellen und kameradschaftlichen Blick bei ihm verabschiedet. Damit war es also für mich vorbei, das „Indo-Pacific Deployment 2021", eine der interessantesten und merkwürdigsten Seefahrten, die ich bei der Deutschen Marine erlebt habe. Auch der logistisch anspruchsvollste Hubschrauberaustausch und Besatzungswechsel meiner gesamten 32-jährigen Dienstzeit liegen nun hinter mir und meinen Kameraden. Unsere fliegerische und technische Ablösung unter Führung meines Freundes Mario, dem neuen Hubschraubereinsatzoffizier der „Bayern", kurz HEO, ist nach 75 Stunden Reisezeit mit einer A400M der Luftwaffe und Zwischenlandungen in Doha und Kuala Lumpur zwar völlig übermüdet aber gesund an Bord.

Die beiden neuen Bordhubschrauber tragen nun die Seitennummern 83+17 und 83+26, haben jedoch unsere alten Funkrufnamen „Lemmy" und „Dusty" behalten. Der Ort: Die Insel Guam der Marianengruppe, Vereinigte Staaten von Amerika. Das Datum: der 22. Oktober 2021. Während wir uns mit der Barkasse in Richtung Apra Harbor bewegen und die „Bayern" – F 217 – immer kleiner und letztlich zu einem winzigen Punkt am Horizont wird, fällt von mir erst einmal die Last der Verantwortung ab, die jeder Soldat spürt, wenn er einem Auftrag nachgekommen und diesen erfolgreich abgeschlossen hat. Heißt hier: Alle Flugaufträge wurden unfallfrei abgearbeitet. Das Wissen, dass die Besatzung der „Bayern" noch weitere vier Monate unter den Augen der Weltöffentlichkeit unser Land im Indischen Ozean und dem Pazifik vertreten und dabei den widrigsten klimatischen, logistischen und gesundheitlichen Bedingungen entgegentreten muss, ist mir wie allen anderen nun ausgeschifften Soldaten bewusst und wir wünschen unseren Kameraden auf ihrem Weg zum nächsten Hafen Tokio weiterhin alles Gute. Der Rückflug meiner Bord-

Ende einer Dienstreise: Im Anflug auf die Anderson Air Force Base auf Guam.

Links oben: Die Soldaten des Hauptabschnitts 500 reisen mit einem Airbus A400M zurück nach Nordholz.

einsatz- und Bordwartungsgruppe mit fünf fliegenden und zehn technischen Fachkräften ist für den 25. Oktober 2022 an Bord der erwähnten A400M mit Stops in Kuala Lumpur und Doha anberaumt. Ich habe beim nun anstehenden kurzen Hotelaufenthalt Zeit zu sinnieren, warum ich eine halbe Welt von Familie und Freunden entfernt dem nächsten massiven tropischen Regenschauer entgegenschaue, der von Nordosten über die Insel zieht...

Little Markus needs to fly!

Ich hatte den Drang zu fliegen, solange ich denken kann. Allerdings prägte sich bei mir als Kind des Ost-West-Konfliktes wohl gleich der Wunsch der Militärfliegerei aus. Geboren wurde ich am 11. April 1970, dem Starttag der Nasa-Mission Apollo 13. Welch ein Symbol! Aufgewachsen bin ich in der Gegend um Frankenthal, Rheinland-Pfalz. Ich erinnere nicht mehr, wann exakt bei mir der Wunsch zum Fliegen entstand, ich kann nur sagen, dass meine Jugend durch Sport und eben diesen Traum geprägt war. In unmittelbarer Nähe zu Frankenthal liegen sowohl Ludwigshafen am Rhein als auch Mannheim, bis in die 90er-Jahre hinein eine unglaublich große Garnison der US Army mit eigenem Heeresfliegerplatz, dem Coleman Army Airfield in Sandhofen. Dort ging es zur Zeit des Kalten Krieges hoch her.

Unser Dorf war ein Einflugpunkt der Kontrollzone. Über unserem Haus tummelten sich fast unentwegt Hubschrauber wie UH-1 Huey, UH-60 Blackhawk, AH-64 Apache, CH-47 Chinook, AH-1 Cobra, CH-53, OH-58 Kiowa oder Flächenflugzeuge wie die C-12 Huron in allen ihren Varianten. Von der Berufsgenossenschaftlichen Unfallklinik in Ludwigshafen aus flog der Bundesgrenzschutz als Christoph 5 mit der MBB Bo 105 Rettung in unserer Umgebung und über den Rhein fliegend konnten wir öfters die

Zwei F-4 Phantom II US Air Force haben eine A-10 Thunderbolt II im Luftraum über der Ramstein Air Base in ihre Mitte genommen.

AS 350 Ecureuil der Deutschen Rettungsflugwacht mit dem Rufzeichen Christoph 53 begrüßen. Im Luftraum über der Pfalz zogen im Tiefflug Nato Jets durch die Rheinebene, F-4 Phantom II, F-16 Falcon, F-104 Starfighter der deutschen und auch kanadischen Luftwaffe, Harrier der Royal Air Force, F-15 Eagle und die „Warzenschweine" A-10 Thunderbolt II der US Air Force. Dazu allerlei anderes Fliegerzeugs, was mein Herz damals wie heute schneller schlagen lässt.

Begriffe wie Bitburg, Spangdahlem, Ramstein, Büchel, Hahn und Baden-Söllingen sowie Pferdsfeld, Sembach und Mendig waren mir, Asche auf mein literarisches Haupt, geläufiger als Schillers „Räuber". Meine Lektüre waren bereits im Teenie-Alter die Erzählungen der Luftfahrtpioniere der frühen Stunde, vom Ersten Weltkrieg bis hin zu Vietnam. Die Hubschraubereinsätze der 1. Luftkavalleriedivision erschienen als besonders atemberaubendes Aben-

F-104 Starfighter, abgebildet zwei Maschinen der Marineflieger.

Huey-Pilot wollte der junge Mann werden, am liebsten eine UH-1D der Luftwaffe in der Bergrettung fliegen.

teuer mit den großen Formationen und heißen Landezonen und natürlich wurde in der Schule eine graue Fliegerlederjacke der Bundeswehr getragen, mit einem Aufnäher des damaligen Hubschraubertransportgeschwaders HTG 64 in Ahlhorn. Zwei Truppenbesuche beim Lufttransportgeschwader LTG 61 in Penzing untermauerten meine schon getroffene Entscheidung und früh war klar: Ich will unbedingt Hubschrauberpilot bei der Luftwaffe werden und in Penzing mit der UH-1D Bergrettung in den Alpen fliegen, eine orangefarbene Fliegerkombi tragen und eine Kaffeetasse mit Staffelwappen und meinem Namen darauf ergattern. Die Menschen in Not wollte ich als Flieger mit meiner Huey aus dem Berg retten und diese Wundermaschine in der Wand beherrschen.

Wahrscheinlich half es, dass ich mit der Tochter eines amerikanischen UH-1-Piloten der Vietnam-Ära ausging. Sein Humor war grandios und ich erinnere mich, wie ich als stille Maus den großartigen verbalen Schlagabtauschen der in Frankenthal wohnenden Hubschrauberpiloten der US Army lauschte.

Start bei der Luftwaffe

Im Juni 1989 war es dann nach allerlei Prüfungen und Tests soweit: Ich trat in Roth bei Nürnberg bei der 9. Kompanie des Luftwaffenausbildungsregiments 3 an, um die Grundausbildung zu beginnen. Das Gehalt als Flieger (OA) betrug damals 1450 D-Mark, ein nach meiner Meinung gar fürstliches Salär. Es folgte der 62. Offizierlehrgang an der Offizierschule der Luftwaffe in Fürstenfeldbruck mit den schönen Momenten Überlebenslehrgang „Land“ im Schongau und der Einweisung „Überleben auf See“ auf Sardinien. Letzteres ein wenig angenehmer als Ersteres, und kulinarisch einprägsamer sowieso. Der Transport auf die Mittelmeerinsel mit der C 160 Transall war dann zwar interessant, konnte mich aber vom Wunsch des Hubschrauberfliegens nicht kurieren.

Ab Oktober 1990 stand das Studium der Betriebswirtschaft an der Universität der Bundeswehr München an, das ich 1994 nach einigen Mühen abschließen konnte. Das Studium hatte keine allzu große Verbindung zur Fliegerei und konnte mich daher per se nicht außerordentlich begeistern. In der Zwischenzeit war jedoch auch ersichtlich geworden, dass Hubschrauberführer der Luftwaffe hauptsächlich aus dem Bereich der Feldwebellaufbahnen generiert wurden. Truppenoffiziere wie ich sollten eher auf Transportern oder Strahlflugzeugen – als Pilot oder Kampfbeobachter – ausgebildet werden.

In the Navy …

Glücklicherweise konnte die Marine in diesem Jahrgang ihren Personalbedarf nicht decken. Es ergab sich die Möglichkeit eines Wechsels der Teilstreitkraft mit der Einschränkung, dass ich ausschließlich das Muster Mk 88 erlernen durfte, so die Personalstelle. Über die Marineflieger hatte ich mir bislang noch keine großen Gedanken gemacht. Nachdem ich wie alle damals vom Hollywood-Streifen „Topgun“ begeistert in einer F-14 vom Flugzeugträger starten wollte und dann erfuhr, dass die damalige Bundesmarine weder Tomcats noch Flugzeugträger vorzuweisen hatte, war das Thema Marinefliegerei eigentlich schon wieder in der Versenkung verschwunden im Schatten des Huey-Traumes.

So, dachte ich bei der Abwägung des Angebots unserer Seestreitkräfte, Mk 88, was genau ist das? Müsste ja ein Hubschrauber sein … Der Personalführer erwähnte jedoch auch, dass ich dann bei der Marine zur See fahren müsse. Unter Seefahrt konnte ich mir da jedoch noch weniger vorstellen als unter erwähntem Mk 88. Nun denn, es winkte eine Pilotenausbildung bei der Royal Navy im Vereinigten Königreich oder bei der US Navy in den Vereinigten Staaten. Hier nun schlich sich hellwaches Interesse an den jungen Träumer heran und ich sagte zu. Mit Abschluss des Studiums Ende März 1994 wechselte ich also als Leutnant zur See mit „Frischlingsstreifen“, aber ohne Seeoffiziersausbildung zur Marine.

Die Offizierausbildung an der Marineschule Mürwik ging an Markus Gawlitza vorbei ...

Links unten:
... ebenso die obligatorische Ausbildungsreise an Bord des Segelschulschiffs „Gorch Fock“

Fliegerisches Auswahlverfahren – Das Screening

Die damaligen Voraussetzungen der Bundeswehr für einen Platz im Cockpit verlangten nach einer medizinischen Wehrfliegerverwendungsfähigkeit und einer positiv abgeschlossenen fliegerischen Auswahlphase, dem sogenannten Screening. Für Generationen von jungen Adlern fand diese Auswahl bei der 9. Inspektion der Offizierschule der Luftwaffe in Fürstenfeldbruck statt. Die Maschine der Wahl war seit 1961 die Piaggio P-149 D, ein metallener, kunstflugtauglicher Tiefdecker, auf dem an die 10 000 Schüler ihre Lernfähigkeit und Luftverträglichkeit unter Beweis stellen mussten. In den 18 angesetzten Stunden waren ein Check- und ein Alleinflug enthalten. Grundsätzlich galt: Kein Solo, keine Chance auf einen Pi-

Piaggio P-149 D vor dem Captain-Higgins-Gebäude in Fürstenfeldbruck, in dem das Screening stattfand.

Für mehrere Pilotengenerationen war das Piaggio-Cockpit der erste Arbeitsplatz in der dritten Dimension.

lotenplatz im Cockpit. Allerdings war die fliegerische Ausbildung der Bundeswehr seit ihrer Gründung immer im Wandel und so wurde das Screening Anfang der 90er Jahre in die Hände der 3. Deutschen Luftwaffenausbildungsstaffel gelegt, die durch eine Kooperation mit dem Lufthansa Airline Training Center Arizona in Goodyear deren Schulflugzeuge Beech F33A Bonanza nutzen konnte.

Ausbildung in den Staaten

Nach einer Stippvisite in meiner späteren Heimat beim Marinefliegergeschwader 3 „Graf Zeppelin" schlug ich nun mit einigen Kameraden, die auch heute noch fliegen, im August 1994 zur achtwöchigen Auswahl in Goodyear im US-Bundesstaat Arizona auf. Die Theorie in Wetterkunde, Luftraumstruktur, Kontrollverfahren und Technik ritten wir so ab, vor allem, weil der Unterricht nach den für mich eintönigen Darbietungen des Studiums schon als aufregender Vorbote kommender Abenteuer galt.

Endlich ging es danach ans praktische Fliegen und mein Fluglehrer Günne, ein alter F-4F Haudegen, nahm mich beherzt an die Hand. Er kitzelte so das ein oder andere Quäntchen fliegerischer Freude und Bestürzung aus mir heraus und lehrte mich, dass gute wie schlechte Flüge zum Handwerk gehören. Disziplin, Selbstkritik, fliegerische Demut bei wachsendem Selbstbewusstsein und jede Menge Fliegerspaß mit den Kameraden waren die prägenden Rüstsätze für die Zukunft. Mein „Stick Buddy" oder Ausbildungspartner, auch ein studierter Offizier der Marine, konnte sich leider nicht an die Fliegerwelt der Bewegung, Vorausschau und Entscheidungsfreude adaptieren und wurde ausgesiebt.

Meine Leistungen waren nicht überragend, lagen jedoch auf der von den erfahrenen Fluglehrern erwarteten Lernkurve. Und so konnte ich mich letztlich nach meinem bestandenen Final Progress Check im ersten Alleinflug in ganzen drei Platzrunden austoben. Anschließend unterzog man mich im Pool der Unterkunft der Solo-Taufe – nass, aber belebend und erhebend. Das abschließende Zertifikat der bestandenen Auswahl und die nüchterne dienstliche Meldung der 3./LwAusbStff an die 9. Inspektion, dass Leutnant zur See Gawlitza für alle Kategorien, Jet, Prop und Hubschrauber als Flugzeugführer tauglich sei, waren nur Sahne.

Der erste fliegerische Schritt zur Ausbildung auf Mk 88, dem noch obskuren Sea Lynx, war geschafft. Und die in eher schwer erträglichem Englisch verlautbarten Weisheiten unseres Navigationslehrers Major Blüthgen, F-4 Kampfbeobachter, habe ich seither auch nie wieder vergessen: „Fuel, people, fuel is ze name of ze game!" Und: „People, if you know where you are, you can be where you want!

Von Naval Air Station Pensacola nach Whiting Field

Wir waren derer sechs an der Zahl, die in meiner Rutsche Marineflieger werden wollten: Kumpels Space, Cable, Tack, Mike und ein weiterer Kamerad standen zur Ausbildung an. Es waren drei Plätze jeweils in den USA und in Großbritannien vorhanden und wir wurden nach unseren Wünschen befragt. Meine Präferenz war die Ausbildung auf der NASP, der Naval Air Station Pensacola in Florida. Weniger wegen des warmen Wetters, sondern mit Blick auf die Chance, nach der Grundlagenausbildung einen weiteren Lehrgang in San Diego zu bekommen – auf der Naval Air Station North Island, von der noch mehr die Rede sein wird. Ich habe enge Familienbande in El Cajon, war seit 1986 jedes Jahr dort bei Tante Maria zu Besuch und mit meinen Cousins in der Umgebung unterwegs. Könnte ein „Heimspiel" werden mit einer Menge Burritos und Quesadillas, so mein enthusiastischer Plan.

Anfang 1995 also verlegten Cable, Space und ich nach Pensacola, während Tack und Mike als künftige Lynx-Piloten nach England übersiedelten. Mit Schülern aus Italien,

Naval Air Station Pensacola – bekannt als die Wiege der Marinefliegerei.

Spanien und Dänemark durchliefen wir als International Military Students die vorbereitende theoretische und allgemeine fliegerische Vorausbildung mit den uns aus dem Screening bekannten Themen – erneut garniert durch Überlebenslehrgänge See und Land. Wir mussten zusammen mit den Aspiranten der Navy, der Küstenwache und des Marine Corps in der feuchtwarmen Luft den berüchtigten Hindernisparcours und Ausdauerlauf unter Zeitdruck hinter uns bringen. Allein der Gedanke an die Höllenläufe durch den feinkörnigen und kräftezehrenden Strandsand verursacht mir noch heute mentales Muskelbrennen.

Eine umfangreiche medizinische Eignungsuntersuchung war All-inclusive. Seither trage ich eine Brille beim Fliegen. Nach drei Monaten Aviation Preflight Indoctrination an der „Wiege der Marinefliegerei", ging es auf den etwa 50 Kilometer nordöstlich gelegenen Ausbildungsplatz Whiting Field. Noch heute gibt es dort einen Nordteil für die Flächen- und ein Südfeld für die Hubschrauberausbildung. Hier stand uns eine regelrechte Ausbildungsfabrik mit allen erdenklichen Ressourcen inklusive einer beeindruckenden Simulatorlandschaft zur Verfügung. Ungläubiges Staunen ob der bloßen Anzahl von T-34C Turbo Mentor und TH-57B/C Sea Ranger mischte sich mit Vorfreude und etwas Respekt.

Einschwenken zur Landung auf dem North Field der Naval Air Station Whiting Field, der Heimat der T-34C.

Persönliche Ausrüstung: HGU-33 Fliegerhelm mit Sauerstoffmaske im Flight Level 270.

Auf zum Fliegen! Grüne Fliegerkombis hatten wir schon empfangen. Ebenso den HGU-33 Fliegerhelm mit Sauerstoffmaske, Fliegerstiefel und Handschuhe, Überlebensmesser und die grüne Nomexjacke CWU-36/P. Hinzu kamen Stapel von Flughandbüchern, lokalen Flugübungsraumvorschriften und staffeleigenen Standard Operating Procedures. Unser Vorkurs mit Jörg, Maddin, Tinky Winky und dem „General" flog bereits Hubschrauber auf dem Südfeld von Whiting Field und die meisten von uns lebten in den Jamestown Appartments in Pensacola Downtown, eine etwa 45-minütige Autofahrt vom Platz.

Ich wurde mit Cable der Ausbildungsstaffel VT-3 Red Knights zugeteilt, während Space sein Glück bei den Doer Birds der VT-2 suchen durfte. Bei „3" hatten wir rote T-Shirts zu tragen, VT-2 trug als Staffelfarbe Orange und die dritte ansässige Staffel 6 Shooters schwarz. Die ganze Tradition mit ihrer Symbolik und dem Stolz auf die eigene Einheit hat mich seither geprägt und geleitet. Ich fand dieses Leben super, auch wenn ich nun weitab elterlicher Fürsorge unterwegs war. Das Abenteuer wollte gelebt, oder besser, erflogen werden!

Mit der T-34C Turbo Mentor bei den Red Knights

Nach typspezifischer theoretischer Einweisung auf der rasanten und seit 1975 für die Grundlagenausbildung der Navy verwendeten T-34 mit ihren 550 Pferdestärken ging es ran an die Kunst. Laut Flugbuch hatte ich meine erste Sortie am 20. April 1995. Mein persönlicher Lehrer für die ersten kritischen Flüge war ein Austauschpilot der US Air Force, Captain Bain, der B-52 geflogen ist. Ein ruhiger und verständiger „Bomber Dude". Genau der Richtige, um meine fliegerische Übermotivation in die richtigen Bahnen zu lenken. Grundlagenflüge mit unzähligen Landungen am Übungsfeld Saufley Field sowie Notfallübungen während der Platzrunde und auf dem Hin- und Heimweg folgten. Grade Sheets wurden für jeden Syllabus-Flug geschrieben und für jede kleine Handlung konnte man ein „Überdurchschnittlich, Durchschnittlich oder Unterdurchschnittlich" gewinnen. Zu viele unterdurchschnittliche Bewertungen und der Flug wurde „gepinkt" und mit einem rosa Pink Slip in die Ausbildungsakte eingetragen. Zu viele Pinkies, und es gab richtig Probleme. Glücklicherweise betrugen sich die deutschen Flugschüler meist ordentlich und es gab keine wesentlichen Ausstellungen... Bis auf mein erstes Solo am 14. Juni 1995... ein Tag zu Weinen.

Alptraum beim ersten Solo

Meinen Progress Check hatte ich am Vortag bestanden, freudig erregt ging ich ans Werk. Der Anweisung des Flugaufsichtsoffiziers Lieutenant DeGraw, gleich Meldung auf der Staffelfrequenz zu machen, sollte etwas Unvorhergesehenes passieren, musste ich wohl im Hochgefühl des Kommenden ausgeblendet haben. Auf zu den Paralofts, Flugausrüstung und Helm empfangen. Vorflug machen, rein in die Mühle des Ausbildungsgeschwaders TW-5, eine Beechcraft T-34C. Preflight Checks, Triebwerksprüfung, Startbahn 32, Gase rein und ab. North Field im Rückspiegel, so muss es sein. Allein wie Saint Ex über den Anden.

Course Rules mit 170 Knoten nach Saufley Field, die drei Landungen liefen super. Kompliment bekommen vom Runway Duty Officer, RDO, jetzt noch ab in die Area für etwas Solo-Spaß. Gase rein für den Steigflug. Nanu. Die Geschwindigkeit will nicht recht über 145 Knoten kommen. Denk, denk... Ah, das Fahrwerk. Bäm, den Hebel nach oben, das Fahrwerk fährt, das Flugzeug beschleunigt. Zeitgleich ein heißer elektrischer Schlag bis ins Mark. Ein Gedanke schnell und hart: Fahrwerk gefahren bei zu hoher Geschwindigkeit, 120 Knoten wäre das Maximum gewesen. Mist, Mist, verdammter Mist. Kurz überlegen, eigentlich heim mit 120 Knoten, eine zweite Maschine müsste starten und mein Fahrwerk kontrollieren. Erst danach darf ich landen.

Noch 50 Minuten Solo sind zu absolvieren. Ich muss fliegen, entscheide mich in die Area zu verlegen, 100 Knoten zu legen und das Fahrwerk zu testen. Ich fahre das Fahrwerk dreimal ohne Probleme aus und ein, die Fahrwerksklappen scheinen nichts abbekommen zu haben. Keine komischen Windgeräusche, keine außergewöhnlichen Wahrnehmungen, ich mache also das Solo-Zeug, das ich

Das fliegerische Grundhandwerk vermittelte die US Navy mit der Beechcraft T-34C.

mir vorgenommen habe, fliege mit 170 Knoten über den gottverlassenen Ort „Shitmuckla“ zurück in die Platzrunde. Freigabe für Landebahn 32, wieder ein Kompliment des RDO „Welcome back, Solo, nice landing“ und rolle zurück zur Abstellfläche. Triebwerk killen und Nachflug-Check. Danach zur Halle, wo die Luftfahrzeuge der zivilen Wartungsfirma zurückgegeben werden und der Flug ausgetragen wird.

Karriere schon beendet?

Dem alten Techniker melde ich etwas nervös das Überschreiten der Fahrwerksgeschwindigkeit und die „Red Knight 827“ wird zur einer kurzen Überprüfung „gedowned“, quasi krankgeschrieben. Der erfahrene Techniker versichert mir lächelnd, dass die Geschwindigkeit von 145 üblicherweise keine Schäden anrichtet, sie die Beechcraft natürlich trotzdem überprüfen werden.

Ich danke und gehe in den Flight Line Shack der Red Knights, wo mich Lieutenant DeGraw erwartet und fragt, wie mein Solo war. Er hätte von guten Landungen in Saufley und am Home Field gehört. Ich melde, dass soweit alles im Rahmen war, ich die 827 aber zur Überprüfung an die Technik übergeben habe. Es hätte mir auffallen müssen, dass sich seine Augen verkleinerten, als er mich nach dem Grund fragte. Ich meldete das Vorgefallene und musste mit ansehen, wie die Venen an seinem Hals anfingen hervorzutreten und zu pulsieren. Im unmittelbaren Nachgang schrie er mich dann 15 Minuten ohne Luft zu holen und überzeugend genug an. Deutlich gab er zu verstehen, dass meine junge fliegerische Laufbahn, an diesem Punkt bereits beendet wäre, könnte er jetzt darüber entscheiden.

60 Minuten lang musste ich still in der Ecke sitzen, während er dem Staffelkapitän Lieutenant Colonel Elliott, einem F-16-Austauschoffizier der US Air Force, die Meldung machte. Lieutenant DeGraw war zudem der Flugsicherheitsoffizier der Staffel und ich hätte mir keinen Besseren für mein Geständnis aussuchen können. Wie auch immer, die Entscheidung folgte. Das Solo wurde zum Pinkie. Am Tag danach hatte ich mich für drei Stunden extra Notfallmaßnahmenschulung bei Hauptmann Bain einzufinden. Am restlichen 14. Juni 1995 hatte ich kurzfristig keinen Spaß mehr am Leben. Nur der kühle Pool der Jamestown Appartments konnte mir etwas Linderung verschaffen. Dass Captain Bain mit einem Sixpack Bier zu unserem befohlenen Stelldichein auftauchte, erfreute mich später genauso wie seine ruhigen, aber mahnenden Worte, befohlene Verfahren – Funkruf bei Auffälligkeiten – zu beachten und den fliegerischen Vorschriften – in diesem Fall kein Fahrwerksfahren nach Geschwindigkeitsüberschreitung und ab nach Hause – zu folgen. Dass dann im Nachgang rund 90 Prozent aller amerikanischen Fliegerkameraden gefragt haben, warum ich überhaupt etwas gesagt habe, ließ mich etwas baff zurück und ich schaute von da ab bei jedem Vorflug immer noch einmal etwas genauer hin.

Durch den Scheuersack und zurück

Wie damals von Günne gelernt, gibt es für den Flieger nicht nur Sonnentage, und wenn es regnet, dann hört die Welt auch nicht auf zu existieren. Und Regen gab es im Florida Panhandle viel und oft. Jeden

Leutnant Gawlitza hochmotiviert im Cockpit der Ausbildungsmaschine Beechcraft T-34C.

Nachmittag kam um 15.45 Uhr das tägliche Unwetter mit Blitz und Donner vorbei. Mehr als einmal bin ich kurz vor dessen Eintreffen gelandet, nur um beim Abrollen die ersten Blitzeinschläge auf der Landebahn zu sehen. Aber der Mensch gewöhnt sich an alles.

Die Ausbildung ging weiter und wir lernten auf Instrumenten zu fliegen, die ersten Präzisionslandungen und Angle-of-Attack-Anflüge durchzuführen, quasi die philosophische Vorbereitung der Marineflieger auf die Flugzeugträgerlandungen. Als besonderen Leckerbissen habe ich die Kunstflugausbildung in Erinnerung, bei der man uns Loopings, Fassrollen, Querruderrollen, kleine Immelmänner, Stalls, Split S und Trudeln beibrachte. Half Cuban Eights und Rückenflug konnten hier richtig begeistern, das Flächenfliegen war gar nicht mal so verkehrt! Und schlechte Noten gab es auch keine mehr in nennenswerten Ausmaßen.

Den ersten Eindruck taktischer Fliegerei bekamen wir in der Ausbildung beim Fliegen in einer Formation-Sektion, was eines der Highlights darstellte und an Coolness nicht zu überbieten war. Das Führen zweier Maschinen ausschließlich mit Kopf- und Handzeichen, ohne viel Funk zählte zu den großen Erlebnissen. Die Formation-Solos wurden mit Kunstfluganteilen gekoppelt und alleine die Präzision und Intensität dieser Fliegerei waren jede durchschwitzte Fliegerkombi wert.

Die anschließende Phase der Instrumentenflugausbildung war wieder eine völlig andere Sache und verlangte unter der Haube im hinteren Teil des Tandemcockpits der Mentor eine vollkommen andere Denke. Luftkreuzungen anhand eines einzelnen NDB-Gerätes zeitgerecht zu identifizieren, das Fliegen von Schlechtwetter-Tacan-Anflügen mit nur partiell zu nutzenden Instrumenten wie degradiertem Radiokompass oder ausgefallenem Fluglageanzeiger trieben mir die Tränen in die Augen. Grundlage zum Bestehen war das grundsolide Wissen über Sprit- und Flugplanung, Wetter, Lufträume, technische Ausrüstung des Flugzeuges und Maßnahmen bei Systemausfällen. Und all das bei gleichzeitigem Funken mit der Bodenstelle zum Erfragen von Freigaben und der Beantwortung von Fachfragen aus dem vorderen Cockpit. Ohne situative Aufmerksamkeit und Entscheidungsfreude ging hier gar nichts.

Derlei Szenarien gipfelten im Radio Instruments Flug RI-24, den ich am 16. Oktober flog. Der Flug war die Vorbereitung auf das eigentliche Examen und war als der härteste Checkflug im T-34-Syllabus ausgelegt. Mein Logbuch sagt, dass ich über zweieinhalb Stunden vom Standardisierungsoffizier der VT-3, Lieutenant Hoffman, durchgeknetet und weichgespült worden bin. Ich erinnere, dass ich vorher weder schlafen noch entspannen konnte. Bereits vor dem zweistündigen Flugbriefing habe ich ausgesehen wie der Tod und musste wegen der Angstschweißbildung die Kombi tauschen. Den harten Flug musste man sich durch ein noch härteres Kreuzverhör vorher verdienen.

Am Ende hat alles geklappt und ich bin meinen folgenden über vierstündigen Prüfungsflug mit dem Staffelkapitän Lieutenant Colonel Elliott zwei Tage später geflogen. Ich wollte gerne nach Osten planen, er wollte aber kompromisslos zu einem Flugplatz in Louisiana, da seine Frau von dort stammte und er unbedingt die für ihn beste Jambolaya verdrücken wollte, die es dort immer am Mittwoch gab... Lief gut und schmeckte gut, obwohl es meinen Magen ausgebrannt hat. Fertig. Die wirklich harte und lernintensive Instrumentenphase lag hinter mir. Nichts lag mehr an, außer mich auf die Hubschraubergrundausbildung auf South Field zu freuen.

Cross Country

Als krönenden Abschluss verlangte der Syllabus noch einige Cross-Country Flüge, die man aber zusammenlegen konnte. Es gab Fluglehrer, die wollten gerne mal raus aus Whiting und so hatte mich zu Beginn der Woche einer der Lehrer vom USMC im Gang angehauen: „Gawlitza, what are you doing next weekend? Wanna go to Phoenix with Urtis and me?“

Cross Country nach Phoenix, hier beim Tankstopp in Albuquerque im US-Bundesstaat New Mexico.

Lieutenant Urtis war Falcon-Pilot der Küstenwache und kam aus einer Einheit, die Drogenschmuggler jagte. Der Mann kannte die Welt über 100 Fuß Höhe überhaupt nicht, weil deren Abfangeinsätze immer tief geflogen wurden. Captain Steininger war Cobra-Pilot und fühlte sich über 50 Fuß unwohl. „Down into the woods", wie er immer sagte. Also ran an die Planung, und am Tag nach dem Instrumentencheck hieß es: Ab dafür! Sichtflugnavigation durch Louisiana und weiter zum Tanken nach Fort Worth, Texas und Albuquerque, New Mexico.

Steinie, früher natürlich ausschließlich „Sir" für mich, saß mit mir in 456, mein Kumpel Kirk, auch ein Marine, saß bei Urtis. Bei einigen der Fotos dieses Fluges, die ich nach Hause schickte, fragte mich meine Mutter, wo wir denn da hingefahren wären... Phoenix war überragend, von der Hotelunterkunft bis hin zur Bewirtschaftung, überall wurden wir gefeiert wie Stars. Beim Ankunft und Abflug konnten wir noch ein paar Formationsüberflüge machen, was die Zuschauer und uns begeisterte.

Da für den Abflugtag am 23. Oktober ein Hochturbulenzgebiet auf unserer Route vorhergesagt war, mussten wir dieses Gebiet großräumig umfliegen. Wir hatten unsere Gurte extra strammgezogen und trotzdem ballerte ich oft genug mit dem Helm gegen die Cockpithaube und sah, wie die Tragflächen arbeiten mussten. Ich hätte auf das Hauptgebiet der Turbolenz überhaupt keine Lust gehabt. Wir flogen dann von Houston entlang der Küste des Golf von Mexiko und es wurde langsam Abend.

Gerade hatte ich das dunkle Sonnenvisier meines HGU-33 gegen das klare getauscht, als es heftig knallte und ich südlich von New Orleans meinen ersten Vogelschlag hinter mir hatte. Glücklicherweise traf der gefiederte Kamerad in einem stumpfen Winkel auf und durchschlug nicht die Frontscheibe. Nun, endlich abgehärtet in der Fliegerwelt, schloss ich die Flächengrundschulung mit insgesamt 98 Stunden ab, darunter 19 Nacht-, knapp 32 Instrumenten- und 6 Solostunden.

To fly is human – to hover is divine

Hungrig nach mehr Fliegerei fieberte ich dem ersten Schwebeflug im Hubschrauber entgegen. Alsbald wurde ich administrativ aus den Red Knights verabschiedet und meldete mich bei meiner neuen Ausbildungsstätte auf dem South Field in Whiting, der bereits 1972 gegründeten Hubschrauberausbildungsstaffel HT-18. Check-In und Empfang der Kursunterlagen waren eins, die Ground School für Drehflügler war schon organisiert und es ging weiter ohne Zeitverlust. Wie schon angesprochen, war das eine gut geölte Maschinerie, die hohe Standards hat, aber nur im Ausnahmefall zur individuellen Betreuung geeignet ist. Wer im Schema bleibt, läuft mit, wer hinkt, bekommt etwas Hilfe, wird bei weiteren Schwierigkeiten aber

Heimat des Ausbildungsgeschwaders Training Air Wing 5, NAS Whiting Field.

recht zügig ausgesteuert. Für die US Navy gilt hier: If you can´t fly, go supply!

Also wieder in die Bücher, Tipps holen von der Vorcrew, die nun „gewingt" ist und sich fast schon auf dem Weg nach San Diego zur Ausbildung auf SH-60F befindet. Cockpit Procedure Trainer und Simulatorausbildung durchstanden, trage ich mittlerweile blaue T-Shirts unter der Kombi, bin stolzer Teil der „Vigilant Eagles". Wir teilen uns mit den Schülern der Schwesterstaffel HT-8 „Eightballers" einen Ready Room zur Vorbereitung und zum Warten auf die Flüge.

Während man den ganzen Lehrgang freie Zeit hatte und nur flugbereit und vorbereitet zum Briefing-Zeitpunkt hätte erscheinen müssen, gab es die Möglichkeit, im Ready Room zu lernen mit der Chance auf ein Pick-Up, den ungeplanten nächsten Flug im Syllabus. Die Fluglehrer flogen meist zwei, manche drei Sorties am Tag und öfter fiel ein Schüler aus und die Lehrer suchten nach Ersatz. „Gawlitza, are you ready for a pick-up?" Mit einem lauten „Yessir" konnte man seine Ausbildungszeit etwas verkürzen, musste sich aber sicher sein, dass man für diesen Flug auch vorbereitet war. Bonuspunkte für einen Pick-up gab es nicht! Generell kein Problem, denn bereits bei VT-3 hatte sich herausgestellt, dass das Optimum war, sich immer intensiv auf die zwei nächsten anstehenden Flüge vorzubereiten und zu wissen, was am Horizont lauerte. Übrigens habe ich dort im Ready Room Amy Bauernschmitt kennengelernt, die als erster weiblicher Offizier der US Navy am 19. August 2021 mit der Kommandoübernahme über den nuklearen Flugzeugträger „Abraham Lincoln" Geschichte schreiben sollte.

Dann war es also soweit: Am 4. Dezember 1995 nahm mich Major Mitchell, USMC, zum ersten Mal mit auf das Abenteuer, von dem ich geträumt habe, solange ich denken kann. Der erste Flug in einer TH-57B auf dem Außenlandeplatz Pace, etwa zehn Meilen westlich von Whiting Field. Viel ist geschrieben worden über den ersten Schwebeversuch eines Hubschrauberfrischlings. Schweißtreibend war es in der Tat, dieses Schweben. Aber ich war gut vorbereitet. Die Bibel meiner Jugend war „Chickenhawk", die 1983 erschienene Autobiographie von Robert „Bob" Mason über seine Ausbildung als Hubschrauberpilot der US Army und seine Erlebnisse als Warrant Officer in Vietnam. Ich flog mit bereits 17 Jahren jeden seiner intensiv geschilderten Ausbildungsflüge mit dem Besenstil in der rechten und der Kehrschippe in der Linken und imaginären Pedalen nach und war mir der Gefahr der Überkontrolle deutlich bewusst.

Die Herausforderung am Tag meiner Heli-Premiere war, das Ganze in einem dynamischen Umfeld zu realisieren, denn das unbekannte Fluggerät hatte erst mal andere Pläne als ich. Es ist jedoch erstaunlich, wie schnell sich Hirn, Koordination der Gliedmaßen und das Gedächtnis des Muskelhirns an die neue Situation gewöhnen. Und so kämpfte ich mich mit viel Spaß und Schweiß durch die mir gestellten Aufgaben. Grundfertigkeiten des Hubschrauberführers wie Schweben, Abflug und Anflug zu einem Landespot wurden recht schnell durch simulierte Triebwerksausfälle oder Heckrotorausfallübungen ergänzt. Wie schon in der einmotorigen T-34C schärften sie den genauen Blick zum Boden, in welches Feld man im Fall der Fälle denn hineinautorotieren konnte. Dies wurde natürlich unzählige Male geübt: Beim Schweben, beim Hover-Taxi, beim Abflug, auf dem Weg zum Übungsfeld. Immer war ein Cut Gun oder ein Zudrehen des Twist Grip durch den IP zu erwarten. Selbst die Ausbildungsunterlage spricht davon, dass für den Drehflüglerpiloten die Autorotation bis zum Boden das Verfahren mit dem höchsten Spaßfaktor ist... wenn man es richtig macht!

Reichlich theoretischer Stoff musste gebüffelt werden – Markus Gawlitza mit Amy Bauernschmitt, die seit 2021 als erste Frau in der US Navy einen Flugzeugträger kommandiert.

Leutnant zur See Gawlitza erkundet fliegerisches Neuland mit dem Ausbildungshubschrauber TH-57B/C Sea Ranger der US Navy.

Harte Landungen kamen dabei durchaus vor und wurden mit einem Ritt auf dem Pranger namens „Truck of Shame“ belohnt, auf dem Flugschüler samt tiefergelegtem Hubschrauber zurück nach Whiting transportiert wurden. Glücklicherweise konnte ich solch Schauspiel immer als Unbeteiligter beobachten.

Die Bell autorotierte wie ein Traum. Nachdem der IP den Gasgriff auf dem Weg zum Übungsfeld für die Treibstoffversorgung auf Flight Idle gedreht und „Simulated!“ gerufen hatte, bäm, folgte das Verfahren „Down, Right, Transition, Turn“. Der Luftwiderstand musste aus den Rotorblättern, also kollektiver Blattverstellhebel, Collective, nach unten! Nicht zu schnell, Mast Bumping Gefahr! Rechtes Pedal treten zur Stabilisierung des Kurses, bäm, Einnehmen der Fahrt von 50 bis 72 Knoten angezeigter Geschwindigkeit, jetzt drehen in den Anflug zur ausgewählten Landefläche. Attitude, Ball! Fluggeschwindigkeit halten! Rotordrehgeschwindigkeit im optimalen Bereich von 94 bis 95 Prozent halten! Koordinierten Flugzustand beibehalten, den Ball der Libelle in die Mitte! In 100 Fuß zurück mit dem Steuerknüppel. Das reduziert Geschwindigkeit über dem Boden und die Sinkrate, gibt außerdem Energie in das Rotorsystem. Weiter sinken, in drei bis fünf Metern ein klein wenig Collective ziehen, kurz pausieren, dann Steuerknüppel sanft nach vorne. Warten, warten ... jetzt Collective ziehen, touchdown mit 0 bis 10 Knoten Bodengeschwindigkeit, den Hubschrauber rutschen und zur Ruhe kommen lassen. WOW! Noch eine und noch eine! Exakt so geht Hubschrauberfliegen!

Keine Routine aufkommen lassen

Nach meinem ersten Solo am 17. Januar 1996 mit meinem Stick Buddy Woody Woodson, verzögert durch Wetter und die Weihnachtspause, kamen bereits die ersten taktischen Anteile auf den Flugplan der Ausbildung: Abflüge unter simuliertem Maximalstartgewicht aus einem baumumsäumten Feld, steile taktische Anflüge und wieder die für einen Marinepiloten wichtigen Instrumentengrundlagen. Taktische Kleinnavigation bei Tag und Nacht vervollständigte die Schulung genauso wie kleine Ausflüge in die nähere Umgebung auch nach Alabama. Dort liegt das Mekka aller Hubschrauberpiloten, Fort Rucker.

Mein erster Nachtflug aus Florala ist mir noch gut in Erinnerung. Meine Navigationspunkte waren „Landstraße trifft Überlandleitung“ und solche Dinge. Das Verfahren bei Desorientierung waren die 5C: Confess, Climb, Conserve, Communicate and Comply. Als wir etwa sieben Minuten geflogen waren, begann ich zu steigen und mein IP, Lieutenant Garcia, fragte mich nach dem Grund. Ich war über dem absolut dunklen Alabama komplett „lost“ und antwortete nur, „Sir, I am climbing because I already confessed“. Wir haben dann auch wieder in die Welt zurückgefunden, nicht ohne bissige Kommentare des Lehrers natürlich.

Ein wesentlicher Aspekt, der immer in den fliegerischen Bewertungsbögen auftauchte, war die Attitude-Beschreibung des Schülers. Wie ist er oder sie so drauf, wenn es um das Fliegenlernen geht? Da ich den Spaß meines Lebens beim Fliegen hatte, konnte die Zusammenfassung eines Fluges durch die IPs schon etwa so lauten: Uneventful syllabus flight for LTJG Gawlitza, merely a slightly above average performance in this evolution, GREAT SENSE OF HUMOR THOUGH, FUN FLIGHT with the German! Damit war eigentlich alles gesagt. Der Deutsche war humorig „robust“.

Und so ging es nach den schnellen Wochen des Lernens auch schon wieder an die Radioinstrumentenausbildung, und in der dafür ausgerüsteten und daher schwereren Version TH-57C flog ich den ersten ILS-Airliner-Anflug meines Lebens. Auch hier wurden bei Procedures und genauem Fliegen erneut die Daumenschrauben angelegt, aber langsam sank die Realität ein: Die Verleihung der „Wings of Gold“ könnte alsbald Realität werden. Und so steuerte ich gradlinig auf die letzten Ausbildungsflüge zu.

Im April flog ich nochmals 38 Stunden und bestand am 17. April 1996 den alles entscheidenden Instrumentencheck. Für den hatte eine unglaublich umfangreiche theoretische Wissensvorbereitung stattzufinden, die dann im Flug praktisch umgesetzt werden musste. Geklappt! Das wertvolle IFR-Rating in den Händen, verliefen die folgenden taktischen Flüge inklusive einiger Decklandungen auf dem Trainingsschiff Baylander IX-514 als Übungslandedeck in der Pensacola Bay wie in einem Traum.

Goldene Wings an der Brust

Am 14. Mai 1996 schloss ich dann glücklicher denn je die fliegerische Grundausbildung mit insgesamt 209 Stunden auf T-34C und TH-57B/C ab. Meine Eltern waren nach Pensacola angereist und mein Vater konnte mir am 17. Mai in einer Zeremonie auf der Bühne die „Golden Wings“ eines US Naval Aviators an die Brust der weißen Marineuniform pinnen. Das bronzefarbene deutsche Luftfahrzeugführerabzeichen – Standard Pilot – wurde mir im

Zum krönenden Abschluss der Heli-Ausbildung sah der Trainingsplan einige Deckslandungen auf der Baylander IX-514 vor.

Elfriede und Hans Gawlitza durften ihrem Sohn im Rahmen der obligatorischen feierlichen Zeremonie die Golden Wings an die Brust heften.

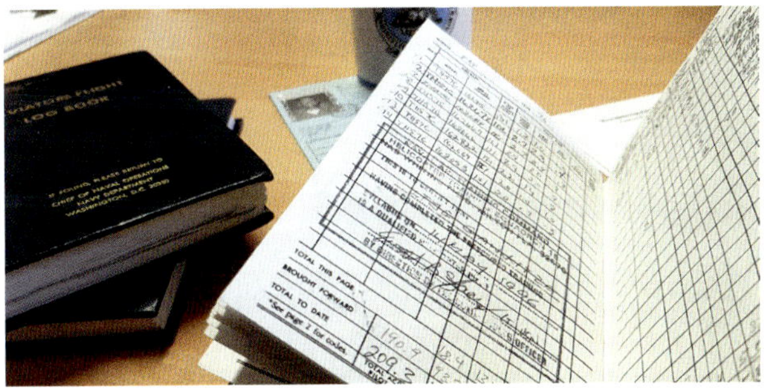

Ausbildung zum fliegenden U-Bootjäger bei der HS-10 in San Diego.

Links:
Trophäen aus der fliegerischen Frühphase.

Ein fetter Stempel im Flugbuch dokumentiert das Bestehen der fliegerischen Grundausbildung.

gleichen Atemzug vom Staffelkapitän der 2. Deutschen Luftwaffenausbildungsstaffel verliehen. Ein Bierkrug mit den Schwingen, dem Staffelabzeichen und meinem Namen wurde überreicht - welch ein Moment!

Noch immer habe ich Schwierigkeiten, die Kulmination der Gefühle damals in Worte zu fassen. Aber sicher ist, dass dies der Höhepunkt meines bisherigen Lebens war. Ich war jetzt designierter Marineflieger und Hubschrauberpilot, war ein Brownshoe, ein Chickenhawk! Und die unglaublich coole braune G-1 Fliegerjacke der US Marinepiloten hatte mir der Command Master Chief, der Spieß der Vigilant Eagles, aus seinem persönlichen Fundus obendrauf geschenkt. Es war der Beginn einer bis heute wunderbaren Fliegerzeit...

Zur Erklärung: Braune Dienstschuhe und Fliegerstiefel werden von den Offizieren und Chiefs - ab Hauptbootsmann aufwärts - der US Navy mit Fliegerstatus getragen, im Gegensatz zu den schwarzen Schuhen der Surface Navy, der Schiffsmarine, von Marinefliegern einfach „Shoes" genannt.

Tracken, dippen, feuern ...

Zeit zum Ausruhen gab es nicht. Die nächsten Befehle warteten schon: Verlegen nach San Diego und Meldung bei der Hubschrauber-U-Boot-Jagdstaffel 10, HS-10 Warhawks, der Staffel für die Waffensystemausbildung! Dort wartete die Einweisung auf den zweimotorigen, zehn Tonnen schweren SH-60F Seahawk, der mit einem Sonar ausgerüstet war und uns erste philosophische Schritte bezüglich der taktischen Nutzung von Bordhubschraubern ermöglichte. Graue, jederzeit kampfklare Hubschrauber. Nun wurde es ernst! Rot war die Staffelfarbe und die T-Shirts hatte ich noch von den Red Knights. Cable und Space wurden zwei Wochen nach mir in Pensacola gewinged und gemeinsam starteten wir den Kurs in San Diego.

Grundlagenflüge, SAR-Ausbildung und Instrumentencheck folgten der erneuten Theoriephase. Eine Deckslande-Qualifikation unterblieb jedoch, weil der damalige deutsche ex-Lynx-Austauschfluglehrer Sam die höherwertige Ausbildung in der folgenden Lynx-Umschulung sah und uns stattdessen zwei weitere Sonareinsatzflüge gönnte. In der Nachschau hatte er Recht. Die Decklandequalifikation der deutschen Marine war in keiner Weise mit der „Anbrütung" bei HS-10 zu vergleichen. Doch dazu später mehr, viel mehr ...

U-Boot-Jagen: Schnellstmöglich ins Zielgebiet, Dipping Sonar ins Wasser, Zielleitlösung herstellen, Torpedo aufs U-Boot - „Don´t track, attack!", hieß es. Der schnelle taktische Sonareinsatz fand seinen Test in einem simulierten Torpedoabwurf auf der Range vor San Diego, der unter den Parametern Zeitdruck und Präszision durchzuführen war. Als Zeichen der Erfüllung gab es das „Quick Kill"-Zertifikat und einen Patch, der stolz als Aufnäher auf der Kombi getragen wurde. Ich genoss die Zeit in San Diego und war so oft wie möglich bei meiner Familie in El Cajon, 15 Meilen östlich der Naval Air Station North Island. Fliegen, Strand und freies Leben im Land der unbegrenzten Möglichkeiten, der Traum ging weiter.

Sikorsky MH-60S Knighthawk der US Navy.

In der Warteschleife

Langsam wurde es jedoch Zeit, an die Rückkehr nach Deutschland zu denken. Meine Kameraden und ich verspürten den Drang, endlich selbst Marinefliegergeschichte schreiben zu wollen. Und dann kam gegen Ende der Ausbildung auf NAS North Island ein gefühlt harter Schlag in die Magengrube: Deutschland wollte uns nicht! Man hatte für uns keine Flugstunden zur Ausbildung und es waren noch zwei Kurse vor uns, die bedient werden mussten. Davon waren neben JB und Andre auch Tack und Mike betroffen, die bereits aus England zurückgekehrt waren. Guter Rat war teuer, aber schließlich gab es doch noch eine akzeptable Lösung: Zurück nach Whiting Field, erneut

Markus Gawlitza mit drei Kameraden vom United States Marine Corps vor dem Staffelgebäude der Eightballers in Whiting Fields.

weiß-orangefarbene Hubschrauber fliegen. Das war uns zwar nicht recht, aber deutlich besser als nach Deutschland zurückzukehren und dort auf dem Hosenboden zu sitzen.

Erstaunlich flexibel hatte die Deutsche Marine für jeden von uns nochmals 60 Flugstunden bei der US Navy gekauft, wobei keiner wusste, wie wir diese ausfüllen sollten. Flugschüler waren wir nicht, und Fluglehrer ja nun auch nicht. Und so schloss ich erst einmal am 2. Dezember 1996 den Seahawk-Lehrgang bei HS-10 mit 68 Flugstunden ab und verlegte, unterbrochen durch einen kurzen Besuch in Deutschland, wieder nach Whiting Field. Was ich zu diesem Zeitpunkt noch nicht wusste: Viele meiner Fluglehrer sollte ich 16 Jahre später wiedersehen, dann in hohen Führungsfunktionen.

Die Eightballers, Helicopter Training Squadron 8

Nun nach Whiting Field zurückgekehrt, wurde ich HT-8 zugeteilt, den sogenannten Eightballers. Space und Cable gingen wieder zu HT-18. Wir erhielten ein Standardisierungsprogramm auf TH-57 und waren dann in einem vogelfreien Zustand. Cable widmete sich seiner mitgebrachten Familie, Space ging segeln, surfen und Motorboot fahren. Ich hingegen saß im Ready Room und wartete auf Gelegenheiten. Chef der Staffel war zu diesem Zeitpunkt Commander Cathy Osman von der US Navy. Sie hatte ein Faible für alles, was deutsch ist und machte mich zu ihrem persönlichen Piloten. In der Folge hatte ich häufig die Gelegenheit, sie und hochrangige Senatorinnen aus Washington über Florida zu fliegen. Die Emanzipierung des amerikanischen Militärs war in vollem Gange.

Vollbeladen in Floridas Frühling war ich im nächsten Schritt froh, in der Ausbildung den Maximum Gross Weight-Abflug erlernt zu haben. Häufig musste ich die Bell auf den Kufen balancieren, bevor der Übergangsauftrieb erreicht war und die Maschine in die Luft sprang. Wunderbares fliegen. Commander Osman vertraute mir, und so hatte ich ein relativ gutes Standing auch unter den Fluglehrern, die mich auf so manchen Goodie-Flug mitnahmen. Ich wurde in das technische Befliegen reparierter oder gewarteter Hubschrauber eingewiesen und ab und an spielte ich Postflieger von Whiting Field zur NAS Pensacola.

Bei derartigen Gelegenheiten wanderte ich dann nach dem Abstellen in die 2. Deutsche Ausbildungsstaffel, die für die angehenden F-4- und Tornado-Schüler zum Waffensystemoffizier, kurz WSO, verantwortlich war. Da die

Helicopter Anti-Submarine Squadron Ten

This is to certify that

Lieutenant (junior grade) Markus Gawlitza, German Navy

has successfully completed

the prescribed syllabus of instruction in the SH-60F, the U.S. Navy's newest and most advanced ASW helicopter.

13 December 19 96

CDR, USN
Commanding Officer

Zertifizierter U-Bootjäger.

meisten meiner Freunde in den USA Marineinfanteristen waren, habe ich mich deren Erscheinungsweise etwas angenähert. Ich trug nun meist olivgrüne T-Shirts, meinen Dienstgrad konnte man nur auf meinem schwarzen ledernen Tag unterhalb der Schwinge erkennen und ich trug den „high and tight"-Haarschnitt der Marines.

Wahrgenommen habe ich die große Konkurrenz bei den WSO-Schülern, denn nur die Besten kamen auf den Tornado, was wichtig war, denn die Tage der F-4-Flotte waren gezählt. Sogar die mitgebrachten Frauen trugen ein erhebliches Selbstbewusstsein vor sich her, wenn ihre Männer einen der begehrten Tornado-Plätze ergattern konnten. Ein WSO-Schüler kam einmal bei einem Besuch in der 2. Staffel auf mich zu und wollte wissen, wer ich sei. Meine naive Antwort schien ihn nicht zu begeistern. „Pilot", sagte er, „aha, also ein sprachaktivierter Autopilot ..." Anscheinend wurden wir Piloten den WSO-Schülern in deren Ausbildung als solche verkauft. Meine Antwort war einfach: „Was willst du, du sprechendes Kniebrett? Ich habe knapp 300 Stunden ohne Navigator, wie viele hast Du ohne Pilot?". Ich bin beileibe nicht der Aggressive, fand seine Begrüßung aber eher befremdlich, vor allem, weil wir in San Diego mit einer taktischen Besatzung zum Sonareinsatz in der Kabine geflogen waren und wussten, dass der Auftrag nur mit einer gut funktionierenden Crew zu erfüllen war. Auch dieser junge Mensch wird es irgendwann verstanden haben. Mit den von Februar bis Mitte Mai 1997 erflogenen weiteren 94 Stunden auf TH-57 hatte ich in den USA insgesamt 371 Stunden angesammelt und war nun definitiv hungrig nach mehr!

Krieger werden, Seebeine kriegen

Ab Mai 1997 holte uns die Ausbildungsrealität zuhause in Deutschland ein. Es stellte sich heraus, dass wir mindestens ein Jahr bis zu unserem ersten Flug mit der Sea Lynx warten mussten. Tack war mit Mike mitten in der Umschulung, der Vorkurs mit JB und Andre lag in den letzten Zügen, aber unsere Nachfolger Maggus K, Birk und ein weiterer, später abgelöster Schüler, waren auch schon in Nordholz. Unsere zweite Zeit in Pensacola hatte uns alle zum selben Zeitpunkt in der Ausbildungskomponente AKF der Fliegenden Gruppe des Marinefliegergeschwaders 3 „Graf Zeppelin" zusammengeführt. Jörg und Tinkie Winky waren schon nach De Kooy bei Den Helder in Holland versetzt worden, um das dortige Defizit an Lynx-Piloten der niederländischen Marine, dem Marineluchtvaartdienst MLD, auszugleichen. Jörg hat es dort als Zeitsoldat sogar bis zum Lynx-IP geschafft und ist heute Rettungspilot beim ANWB in Amsterdam.

Die 3. Bordhubschrauberstaffel, unser aller begehrtes Ziel, war wie immer mit den Hubschraubern auf den Fregatten der Flotte in aller Welt unterwegs. Flugstunden waren selten und teuer. In diesem langweiligsten Jahr meines kurzen Fliegerlebens mussten wir im Dienstanzug mit Krawatte die neuesten Flugsicherungsänderungen in die Navigationskarten eintragen, Karten „calfen" nannte man das, Chart Amendment Low Flying, damit die anderen sicher fliegen konnten. Müßige Arbeit, um die wir uns drückten, wann immer es ging.

Ende 1997 stand der Techniklehrgang Sea Lynx Mk 88 in Westerland auf Sylt auf dem Programm, gefolgt von der Ausbildung Überleben auf See in Nordholz und dem vierwöchigen Marineflieger-A-Lehrgang an der Marine-Operationsschule in Bremerhaven. Hier erklärte man uns, wie die Marine kämpfen wollte und was taktische Bordhubschrauber damit zu tun haben. Wer erinnert sich nicht gerne an die unendlichen Proki-Folien der Vorschrift zum Überwasserkampf, deren langweilige Darbietung uns alles an innerer Disziplin abverlangte? Genauso ging es an der Waffenschule der Marine in Eckernförde weiter. Das Schulwesen der Marine war für mich nach der Erfahrung in den USA alles andere als beeindruckend. So hatten wir nicht gewettet.

In der Zwischenzeit kristallisierte sich heraus, dass es im Lynx zwei Arbeitsplätze für uns gab, den des Piloten auf dem rechten Sitz im Cockpit und den des Taktischen Offiziers auf dem linken. Weiterhin erkannten wir, dass die Marine nicht zögern würde, uns abzulösen, sollen wir nicht auf den beiden Sitzen gleichermaßen gut performen. Leute, die voller Stolz aus ihrer Hubschraubergrundausbildung gekommen waren, wurden vor unseren Augen aus der Ausbildung genommen, weil sie den Anforderungen des Waffensystems nicht genügten. Wow, da liegt ja doch noch eine Kante vor uns. Aber was soll's, ran an die Buletten.

Nach der kleinen und gutmütigen Bell in Pensacola und der gut motorisierten, aber knapp zehn Tonnen schweren Sea Hawk in San Diego war der erste Flug in der Sea Lynx ein rechter Eye-Opener. Die kleine Demo des Fluglehrers ließ mich mal richtig wach werden. Der halbstarre Rotorkopf aus Titan ohne Schlaggelenke übersetzte jede noch so kleine Steuereingabe in direkte Bewegung und die beiden Rolls Royce GEM 42-Triebwerke entwickelten beeindruckende 1000 Wellen-PS je Anlage. Die Agilität dieses Hubschraubers war so beeindruckend, dass das britische Army-Display-Team „Blue Eagles" Kunstflugmanöver mit ihr zur Schau stellte, welche der Bo 105 in nichts nachstanden. Aber nun galt es, dieses Rennpferd erst einmal beherrschen zu lernen.

Das richtige Starten des ersten Triebwerks, die folgenden Checks der Steuerelemente, der Hydraulik und der Stabilisierungssysteme in der genauen Abfolge und Gründlichkeit, Handsignale zum 1. Wart nach draußen geben, wissen, wer genau wo um den Hubschrauber läuft und der standardisierte Funk waren nur ein Teil der Herausforderung.

Rechts unten: Das allererste Patch der 3. Staffel hält Markus Gawlitza in Ehren.

Sea Lynx Mk 88-Attrappe der Marinefliegerlehrgruppe in Westerland auf Sylt für die technische Ausbildung.

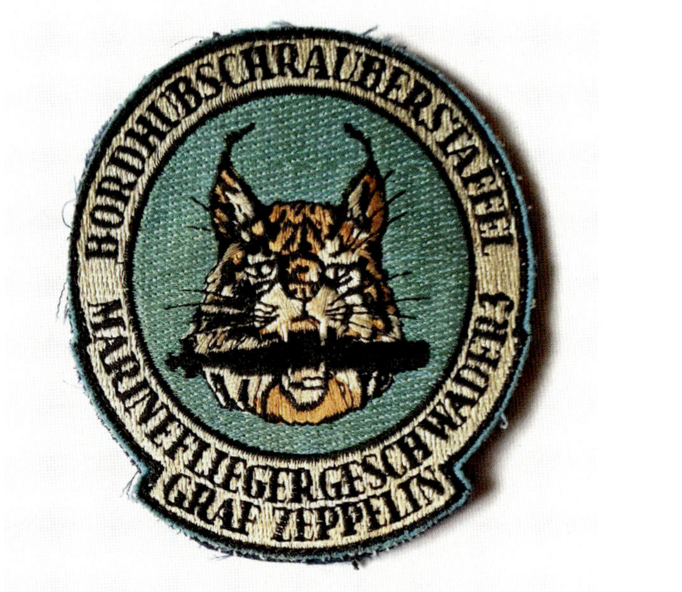

Simulator-Training

Wir waren für diesen ersten Start in Nordholz gut vorbereitet, denn vorgeschaltet war eine Woche „Starts und Stops" im JLSTE De Kooy, dem Lynx-Simulator, gemeinsam betrieben von den Lynx-Nutzern Deutschland, Niederlande, Norwegen, Dänemark und Portugal. Das Joint Lynx Simulator Training Establishment wurde Ende der 80er-Jahre in Betrieb genommen, da man neben dem fliegerischen Aufbau der Besatzungen auch eine Plattform brauchte, um taktische Kenntnisse auszubilden und zu vertiefen. Aber wir wurden erst einmal gebimst: Triebwerk an, Triebwerk aus, Heißstart, gehangener Start ... Warum habe ich nicht gesehen, dass das Instrument zum Ablesen der Temperatur keine Anzeige hatte – natürlich vom Simulator-Lehrer eingespielt? Weshalb bekomme ich keine Anzeige der hochlaufenden Turbinendrehzahl?

Identifizieren, korrekte Abarbeitung der Schritte. Alles unter Bewertung, man erarbeitet sich hier schon mal seinen Namen. Hat er es drauf? Lernt er schnell? Ist er Mittelmaß oder zeigt er sich bereits jetzt im Leistungsfeld? Ab jetzt ist alles bewertet. Unsere IPs sind fast ausschließlich bei der Royal Navy ausgebildet und oft im Dienstgrad Oberleutnant zur See. Man traute der relativ neuen US Navy-Ausbildung in Nordholz noch nicht so recht, das kam erst später.

Wegen meines Studiums und entsprechend meiner Dienstzeit beförderte man mich 1997 zum Kapitänleutnant. Für die bereits ausgebildeten Piloten der Einsatzstaffel ein Affront. Noch nichts geleistet und schon einen Rang höher als die meisten. Da musste ich jetzt durch.

Der Luchs wird gezähmt

So saß ich nun während der sogenannten A-Phase im Lynx-Cockpit und lernte Platzrunden zu fliegen, die vorgegebenen Steigwerte wie 80 Prozent Torque und 80 Knoten exakt einzuhalten, den Level-Off nicht zu verpassen und die Kurve mit 20 Grad Schräglage anzugehen. Landechecks nicht vergessen auf dem Gegenanflug, 100 Knoten anlegen, das Variometer bei null Sinken oder Steigen halten ... schon legt man den Knüppel nach links für den Queranflug und muss sich auf den Endanflug vorbereiten. Wo sind die anderen Verkehrsteilnehmer in der Platzrunde, wen hat der Tower gerade gerufen, waren wir das? Joe, der IP, schaut mich fragend an. Ob ich dem Tower keiner Antwort geben wolle? Und warum mein Sinkflug zu flach ist. Und warum ich noch bei 70 Knoten bin, statt der 60 vorgeschrieben? Die Kombi tränkt sich regelmäßig in Schweiß in diesen letzten Apriltagen und dem schon heißen Mai 1998.

Rotorblätter, der Rotorkopf aus Titan und das darunterliegende Getriebe sind robuste, aber eben auch hochbelastete Komponenten, die unmittelbar vor jedem Start vom Piloten final gecheckt werden.

Das alles war noch nichts gegen die Lerninhalte Triebwerksausfall und Kurvenautorotationen. Die Sea Lynx hat einen hochagilen Rotorkopf. Der Pilot muss die rapide ansteigende Drehgeschwindigkeit bereits beim Einleiten der Kurve erwarten, sonst dreht der Rotor durch die Decke. Zu wenig Rotorgeschwindigkeit, und der Hubschrauber hört drastisch mit dem Fliegen auf – zu viel davon und er tut dasselbe. Mindestens aber muss in so einem Fall der Rotorkopf getauscht werden. Man kann das Hochdrehen der Rotoren hören, aber wir Schüler müssen das Gefühl erst noch entwickeln. Bloß keine Maschine zerhauen.

Zum Abschätzen der Autorotationsreichweite hat jeder Schüler einen Backstein dabei. Kommt der simulierte Ausfall der Triebwerke in der Platzrunde irgendwo, werfen wir den Stein aus dem Fenster und wissen: Genau so weit kommen wir mit der Autorotation. Die Lynx ist wahrlich kein Segelflieger. Auch das Abfangen der Maschine aus dem Flare will gelernt sein. Leicht die Nase hoch, immer mehr, noch mehr, bis die Vorwärtsfahrt gekillt ist, dann check und level. Jetzt Collective ziehen, um die Energie aus dem Rotorsystem umzusetzen und den Fall zu bremsen. Herauskommen in 20 Fuß sind zu wenig und es gibt Schelte, herauskommen in 60 Fuß und auch dafür gibt es einen Anpfiff. Die Musterlösung sind 30 Fuß über dem gewählten Landeplatz.

Langsam wuchs das Händchen für die sensible Lynx. Das Geheimnis des Glaubens: Trimmen, trimmen, trimmen. No input, no output. Die Steuereingaben beruhigten sich mit der Zeit und man kam sich nicht mehr vor wie der letzte fliegende Neandertaler. Meinen VFR-Check absolvierte ich mit Hoppi am 20. Mai 1998 und flog gleich anschließend mein erstes Solo in der Lynx.

... und erneut im Simulator

Weiter ging es mit Navigationsflügen in 100 und 500 Fuß. Tags, nachts, die Stunden häuften sich, der Druck bleibt. Die nächste mega Herausforderung wartet schon. Instrumentengrundlagen und das IFR-Rating. Und wieder in den Simulator in die Niederlande mit dem alten VW-Bulli der Staffel. Die knapp fünf Stunden Fahrt mit 80 Kilometern in der Stunde werden zum Kult, die Woche über schlafen wir Schüler schlecht im Phoenix-Gebäude des Maritiem Vliegkamp De Kooy.

Auch die Niederländer setzen auf den Sea Lynx und sind dabei sehr professionell. Sie fliegen im Gegensatz zu uns Single Pilot mit einem Techniker oder TACCO für den taktischen Waffeneinsatz auf dem linken Sitz. Ich gewöhnte mich schon mal an den Gedanken, dass ich diesen Job auch noch machen muss. Langsam dämmerte es mir, dass die Lynx ein ganz schön großer Happen ist, den ich mir da einverleiben will.

Also weiter erst mal mit der Instrumentenschulung. TACAN, NDB-Anflüge, steigende und sinkende koordinierte Kurven, Genauigkeit bis auf den Knoten und auf den letzten Fuß Höhe ist hier gefragt. Abweichungen kosten gute Noten, ich wurde hier zum soliden 3-er Schüler. Es gelang mir, mich auf der Leistungskurve zu halten. Und nach dem Simulator drei Flüge in der richtigen Instrumentenwelt, ich fliege, ich funke, ich briefe die Anflüge. Ich befolge die Verfahren, bloß auf dem Endanflug nicht vom Wind vertreiben lassen. Die Mk 88 hat links neben dem Knie des rechten Piloten einen Doppler-Anzeige, der den Versatz über Grund angibt. Den einrechnen, Kopfarbeit.

Wie muss mein gewählter Kurs sein, damit ich die Nadel, die zum Flugplatz zeigt, nicht falsch interpretiere? Mehr als fünf Grad Kursabweichung im Sinken auf dem Endanflug und es gibt eine Flight Safety, eine Sechs. Habe ich das Timing des Anfluges richtig berechnet, sind die Landechecks gemacht? Da kommt schon das Minimum, auf das ich sinken darf, kann ich den Platz sehen oder bin ich noch in Wolken und muss den Anflug abbrechen? Was ist mein Anschlussplan? Habe ich das so zur Radarkontrollstelle kommuniziert?

Auch die Seestreitkräfte der Niederlande, die Koninklijke Marine, setzten bis 2012 in Sachen U-Bootbekämpfung auf die Westland Sea Lynx, exakt in der Version SH-14D.

Jetzt hat mir der IP auch noch die automatische Flugkontrollstabilisierung ausgeschaltet. Meine Augen flitzen über die Instrumente, denn der Hubschrauber fliegt sich ohne AFCS wie ein ungehöriges Rennpferd. Ständig will er von meinen gesetzten Werten abweichen. Jede Abweichung muss ich entdecken und sofort korrigieren, dabei die Nadel im Auge behalten, die mich zum Platz führt. Mehrere Parameter muss ich gleichzeitig ändern, um auf Anflugkurs zu bleiben. So langsam bin ich wirklich durch. Die Bahn 26 liegt vor mir, ich lande. Taxi Checks, absetzen in Box 7. Dieser Flug endet gnädig mit einer Note 3, gleich geht es mit der navigatorischen Vorbereitung des nächsten weiter.

Allerhöchste Anspannung

Es ist Oktober. Die Instrumentenphase wird unterbrochen, es lauert viel Attraktiveres auf uns, zumindest in den Augen der Ausbilder. Seetiefflug in der Deutschen Bucht, sicheres Kontrollieren des Hubschraubers auf Instrumenten in 200 Fuß bis 100 Fuß hinunter, mit oder ohne AFCS. Schon wieder maximale Konzentration, denn Fehler bedeuten ab jetzt, dass wir ins Wasser fliegen. Auch die IPs sind fortan etwas angespannter. Sie müssen auf das Ungewisse vorbereitet sein. Was macht der Flugschüler mit mir? Ich fliege auf Befehl des Navigators oder IPs Standardkurven, beschleunige von der Minimumgeschwindigkeit 40 auf 120 Knoten und fliege in 200 steile Kurven mit 30 Grad Schräglage, den Ball immer in der Mitte. Zumindest ist das mein Bestreben. Ich fliege auf dem Radarhöhenmesser, der auf vier Fuß genau anzeigt. Beim Beschleunigen oder in der Kurve sinke ich, was mich immer wieder ärgert. Der auf 180 Fuß gesetzte Warnton und die Leuchtanzeige sind aktiviert. Sofort korrigieren, bevor der Lehrer aufschaltet. Er kann jede zehn Fuß erkennen, die ich zu tief oder hoch bin. Natürlich hat er meine Werte im Blick und seine Hand am Collective, schließlich ist er ja nicht lebensmüde.

Ich muss das Variometer auf null halten. Meine IPs sind nicht übermäßig beeindruckt, zumindest aber zufrieden gestellt, sodass wir das Ganze auch in der Nacht in 100 Fuß durchziehen – mit und ohne AFCS. Zum Glück ist es pechschwarz im November über der Nordsee. Meine kleine Welt besteht nur aus den glimmenden Instrumenten, dem Kursanzeiger, den beiden Höhenmessern, dem Fluglageanzeiger, der Geschwindigkeit und der Torque. Alles im Blick, schnell eins nach dem anderen anschauen, interpretieren, reagieren und auf Befehle hören. Steigen bedeutet in der Regel Fahrtabbau. Das Variometer geht nach oben, meine Welt ist in Unordnung. Ich will Ordnung, ich will die Nadel des Radarhöhenmessers auf 100 Fuß, nicht 110, ich will 120, nicht 123 Knoten. Ich will die 30 Grad Schräglage halten, nicht 26 oder 35. Trimmen, trimmen, trimmen. Der Mund ist trocken und wird es für die nächsten drei Jahre auch bleiben.

Wir tragen den Mk.10 Rettungsanzug mit Fliegerunterwäsche und extra Wärmeoverall darunter. Im Fall einer Notwasserung garantiert mir der unbequeme Anzug mein Überleben. Aber im Moment schwitze ich das Ding von innen durch. Das tun aber alle, ich fühle mich also nicht privilegiert. Das ist sie also. Die gefürchtete Dunking-Ausbildung. Seefliegerschicksal. Dunking ist das Verfahren, den Hubschrauber aus 200 Fuß und knapp 100 Knoten automatisch in einen 40 Fuß-Schwebeflug zu bringen, um dort bei Tag oder Nacht den Sonareinsatzdurchzuführen. U-Boote interessiert keine Tageszeit, kein Wetter.

Dunking hört sich gut an. Der Hubschrauber fliegt automatisch. Doch zu früh gefreut. Automatisch heißt auch, dass der Automat versagen kann. Der Doppler kann ausfallen und der Hubschrauber zieht die Nase hoch, der Radarhöhenmesser kann versagen und uns mit beachtlicher Sinkrate ins Wasser fliegen. Ein Triebwerk kann im unglücklichsten Moment seinen Dienst quittieren, ebenso das Wechselstromaggregate ... und schon ist jede Art der Stabilisierung weg. In dieser Ausbildung mache ich nicht viele ordnungsgemäße Anflüge, meist fallen Dinge aus. Zu spät erkannt bei späteren Einsätzen und das Wasser hat einige Bewohner mehr. Zu spät erkannt in der Ausbildung heißt Durchfallen. Flight Safety, Note 6, nochmal das Ganze.

Meine Ausbilder Hoppi, Stefan, Ulf und Kim passten auf wie Schießhunde, während sie es waren, die die Dinge ausfallen ließen und uns Schüler mit Recht an die Wand spielten. Befohlene 200 Fuß sind eben nicht 250 Fuß, denn in der Ostsee beispielsweise fliegen die Schweden mit ih-

Anspruchsvoll: Das Fliegen über See birgt besondere Herausforderungen.

ren Viggen- oder Draken-Jets gerne mal in 400 Fuß, auch nachts. Da wünschen wir uns schon noch ein wenig Luft dazwischen. Deshalb jene mit an Perfektion grenzende Genauigkeit.

Nach diversen durchschwitzten Mk 10-Anzügen hatte ich auch diese Phase der Ausbildung hinter mir. Die Anspannung war dabei immens. Ich hatte mich an die Ringe unter meinen Augen gewöhnt, konnte extreme Leistung bringen, ohne mich optimal zu fühlen. Dunking Checkflug in der Nacht des 19. November 1998, das nächste Ziel: DLQ, die Decklandequalifikation. Hier hat es schon so manchen aus der Ausbildung gehauen.

Mit der Lynx über See

Ich war Marineoffizier. Kapitänleutnant ohne Seeoffizier-Ausbildung, ohne „Gorch Fock"-Erfahrung und ohne jemals zuvor ein deutsches Kriegsschiff aus der Nähe gesehen zu haben. Das änderte sich am 30. November 1998, als ich mit Korvettenkapitän K. die Küste südlich Sahlenburg hinter mir ließ und in 1000 Fuß mit 120 Knoten über das Wattenmeer in die Deutsche Bucht verlegte. Der Himmel war grau, die See war grau. Zweieinhalb Meter Welle waren schon da, bis zu vier Meter sollten es werden in dieser Woche.

Routinierte Gelassenheit ist der Normalzustand im Lynx-Cockpit.

Die Fluglehrer feixten sich, denn mehr Seegang bedeutete eine bessere Ausbildung. Ich saß als Schüler rechts, der IP als Navigator, Taktiker und Funker neben mir links. Webster als Hubschrauberortungsoffizier, kurz HOO, hinten in der Kabine. Die Kabine war voll mit Taschen, Seesäcken, Ausrüstung. Man glaubt kaum, was in eine kleine Sea Lynx hineinpasst, wenn man unterwegs ist. Die Mk 88 hatte damals noch eine maximale Abflugmasse von 4875 Kilogramm, und wir waren 10 Kilo darunter.

Vorbei ging es an Neuwerk und Scharhörn. Ich erhielt den Auftrag, tiefer zu gehen auf 200 Fuß. Die Wolken waren niedriger und Marineflieger gehen sowieso gerne tief über das Wasser. Mein IP blickte auf das Radar, das 90 Grad links und rechts zur Flugrichtung Kontakte lieferte. Die Sicht lag bei etwa fünf bis sieben Kilometern. Mir war schummrig, denn alles war grau und meine Augen hatte ich auf den Instrumenten. Den Rest der Besatzung schien das nicht zu stören, es herrschte entspanntes Geplauder. Ein lustiges Völkchen, diese Lynxer, dachte ich mir.

Fregatte voraus

Zehn Meilen südlich Helgoland passiert, Kurs Nordwest. Irgendwelche Funkrufe auf der Area Frequenz, wir sprachen mit jemandem. IP meinte, das Schiff hat unser IFF, den Squawk, bei 25 nautischen Meilen. Er hatte das Schiff auf dem Radar. Der Kap`tän klang so überzeugend, ich glaubte alles und ließ meinen Blick von links nach rechts schweifen. Grau in Grau. Ich bekam Schiffskontakte gemeldet, mit denen ich nichts anfangen konnte. Langsam merkte ich, wie ich den Mk.10-Anzug schon wieder durchschwitzte. Der Radarhöhenhalter ritt die Wellen ab. Ich drückte seit dem Sinken, seit 20 Minuten leicht auf den kollektiven Blattverstellhebel, den Collective. Das machten wir befehlsgemäß, um sofort mitzubekommen, sollte der Höhenhalter ausfallen. Und schwupps, drückte ich den Hubschrauber 20 Fuß nach unten, die Anlage war ausgefallen!

Sofort wieder auf 200 Fuß, Meldung an die Besatzung: „Flight control malfunction! Höhenhalter ausgefallen!" Vom IP kommt gleichzeitig: „Simuliert! Gut erkannt." Er wollte mich überprüfen. Grüße aus der Dunking-Ausbildung. Es hört einfach nicht auf. Bloß keine Entspannung aufkommen lassen. Wenige Minuten später, nordwestlich Helgoland, Meldung von links: „Schiff optisch auf 11.00 Uhr, 3,5 Meilen". Ein Blick etwas links der Nase, doch ich sah nur grau. Kein Schiff. Ich sollte Kurs zehn Grad links legen, wo die „Niedersachsen", mein Hotel für die Woche,

dann absetzen, gerne hart und definitiv auf das Flugdeck, bloß keine Drift! Die Beine der Lynx können viel ab, aber keine Seitwärtsbewegung im Moment der Landung. Wir stehen an Deck, Harpune drin, und gleich noch eine Runde. Die andere Sea Lynx mit Space kommt schon in den Endanflug, wir müssen weg.

Neue Aufgabenstellung: Vom Schiff gelenkter Radaranflug. Weg vom Deck, wieder dunkel, nun auf 400 Fuß über See. Ich fliege die Kurse, die der Hubschrauberleitmeister unten in der Operationszentrale im Bauch des Schiffes vorgibt, ein Radarpattern. Ich erwarte, dass Stefan mir gleich wieder etwas ausschaltet. Aber ich darf alles behalten, inklusive AFCS. Die Lehrer haben sich abgesprochen. Das Schiff soll drehen und uns Wind von der grünen Seite „produzieren". Space und ich werden ab jetzt Cross Cockpit landen, das heißt im Anflug den GPA runter, hinter dem Deck auf die Steuerbordseite der „Niedersachsen". Dann muss ich ohne wirkliche Flugdeck-Referenzen „durch" meinen IP sehen. Am Tage schon äußerst anspruchsvoll, komme ich mir jetzt abermals vor wie in einem schlechten Traum. Da hilft es auch nicht, dass mein Fluggerät anscheinend komplett funktioniert. Zwischenzeitlich schiebe ich zusätzlich zur Anspannung auch noch einen Mordskohldampf. Am Ende läuft alles glatt. Ein Minimum an Routine ist spürbar.

Checkflug: Es geht ums Ganze

Meine Decklandequalifikation endete nach einer knappen Woche mit einem Pre-Check-Flug vom Tag in die Nacht hinein. Anschließend der finale Checkflug nachts. Das wird sportlich werden. Das Schiff muss am Tag darauf aus irgendwelchen Gründen einlaufen. Würde ich es nicht schaffen, hätte ich eine neue DLQ abwarten müssen und meine Ausbildung würde sich verzögern.

Notfälle im Hubschrauber werden dem FDM auf dem Flugdeck mit blinkenden Navigationslichtern angezeigt und alle an Deck schworen, dass ich bei dem vier Meter-Seegang bei keinem einzigen Anflug „Steady Lights" hatte. Immer war etwas ausgefallen. Wieder schob ich Kohldampf. Mein Gefühl sagte mir, dass ich nicht die Energie haben würde, den Prüfungsflug durchzustehen. Stefan hatte gesagt, dass er mich nur prüfen werde, wenn ich den Pre-Check mit Bravour bestehe. Und das hat er ernst gemeint, denn oft genug ist der Vorcheck der Schlimmere in der Prüfungssituation. Das kannte ich aus Amerika.

Ich hatte bereits alle Notverfahren im Pre-Check durchflogen und die „Charlie-Zeit", die befohlenen Landezeit, rückte näher. Und schon wieder war ein Triebwerk weg, simuliert. Ich konnte nicht mehr. Die letzte Landung wieder im simulierten Einmotorenanflug. Ich sah nur die Positionsleuchten des Dampfers, den GPA und die Laternen Rot-Weiß-Rot, was manövrierbehindertes Seefahrzeug bedeutet. Das Hangartor war dicht, der FDM winkte mich heran. Nerven behalten, kurzer Flare, absetzen. Wir standen, mittig auf dem Grid.

Bei Tag und Nacht, bei jedem Wetter … das Landen auf den schwankenden Decksplanken wird in allen erdenklichen Situationen trainiert.

Laut Dienstplan waren Debriefing, Essen, danach Briefing und Checkflug angesagt. Der Rotor stand und ich sagte Stefan, dass es mir leidtue, ich aber nicht zum Checkflug antreten könne. Er schaute mich länger freundlich an und reichte mir die Hand, gratulierte. Dasselbe tat Webster von hinten. Stefan erklärte grinsend, die DLQ hätte ich bestanden, denn alles was er sehen wollte, habe er gesehen. Doppelt und dreifach. Ich erfuhr nun, dass das von vornherein der Plan des HEOs war. Mir alles vor die Füße werfen und sehen, wie ich klarkomme.

Ich hatte Probleme, das erst mal zu verarbeiten. Ich bin durch? Bestanden? Es brauchte Zeit, in mir selbst einzusinken. Ich hatte die DLQ gemeistert. Ich war jetzt Bordflieger! Mit einem Mal liebte ich diese Fregatte und der Zigarettenrauch stört mich weniger. Alle an Bord gratulierten und auf einmal fühle ich mich als Teil der Besatzung. Die Sahne des Ganzen war, dass wir alle bestanden hatten. Nichts ist so erfüllend wie der Gedanke, dass die gesamte Crew herausgefordert wurde und man alles zusammen bestanden hat. Gute Leute, so meine Gedanken, gute Männer. Mein Gang war noch etwas gerader geworden und ich verspürte wieder Appetit. Drei Jahre später sollte ich die „Niedersachsen" auf ihrer Fahrt in die Karibik begleiten.

Übrigens: Birk beantragte nach der DLQ seine Ablösung vom Lynx-Lehrgang. Er wollte diese Tortur nicht zu seinem Lebensinhalt machen. Er kannte die Konsequenzen und wusste, dass er noch Zeit abzudienen musste, bevor er die Marine verlassen konnte. Aber Birk hatte gute Noten bisher, auch in den USA. Nach Überlegung in der Geschwader-Führung bot man ihm an, auf die Dornier Do 228 umzuschulen. Das tat er erfolgreich und flog für den Rest seiner Dienstzeit auf den Öl-Dos und den LT-Versionen für Schulung und Lufttransport. Anschließend wechselte er als Verkehrsflieger zu einem großen Unternehmen, wie es zahlreiche Breguet Atlantic- und Do 228-Piloten vor ihm getan haben.

Marineflieger mit allen Sinnen

Soweit die eindrucksvolle Schilderung von Markus Gawlitza über seinen Weg ins Cockpit der Lynx, das seit einem Vierteljahrhundert sein Arbeitsplatz ist. Sein Feuer für das Fliegen an sich und den Mk 88, nun Mk 88A, im Speziellen lodert nach wie vor. Ein Überzeugungstäter im besten Sinne.

Den fliegenden Seemann aus der Pfalz haben die Fregatten der Deutschen Marine auf fast alle Kontinente, in fast alle Winkel der Erdkugel gebracht. An unzähligen Nato-Manövern hat er teilgenommen, auch an „scharfen Aufträgen“ im Rahmen des Antiterror-Einsatzes OEF oder der Piratenjagd bei der EU-Mission Atalanta. Er warf Torpedos in die See vor Puerto Rico, schoss Sea Skua-Raketen in der walisischen Cardigan Bay und führte SAR-Einsätze zur Rettung von Leib und Leben im Indischen Ozean und im Atlantik durch. Markus Gawlitza fungierte als Fluglehrer, Prüfer und Trainer im Taktik-Simulator, wurde zum Korvetten- und schließlich zum Fregattenkapitän befördert.

In all den Jahren hat er seine Besatzung, den Hubschrauber und sich selbst immer sicher nach Hause gebracht, aber auch manch kritische Situation im Flugbetrieb meistern müssen. Als sein schlimmstes Erlebnis benennt er den Absturz der 83+08 im Mittelmeer 1999 bei einer Routine-U-Jagdübung, bei dem sein Freund Lieutenant de Vaisseau François Senée ums Leben kam.

Befragt nach dem Highlight seiner Karriere antwortet der Marineoffizier: „Unzählige, wo soll ich da anfangen? Jeder einzelne Auftrag ist Privileg, Herausforderung, gleichzeitig Pflicht und Kür, immer in vertrauensvoller Zusammenarbeit mit den Frauen und Männern unserer Flotte. U-Bootjagd in den Äußeren Hebriden, Fliegen im amerikanischen ‚Harry S. Truman‘-Flugzeugträgerverband zählen dazu, ebenso Hafenbesuche in Reykjavik, Haifa oder auf den Seychellen. Unser Land drei Jahre lang als Austausch-Ausbilder in San Diego zu vertreten und dort den guten Ruf deutscher Soldaten verfestigt zu haben, war jedoch sicherlich das Highlight in den letzten zehn Jahren. Solange ich kann, werde ich mit der Lynx weiter an Bord gehen und U-Boote jagen, heute ist die Sicherung der Nordflanke des Nato-Bündnisses wieder wichtiger denn je geworden.“

Fliegen über fremden Gestaden machen den Reiz aus, hier in Djibouti am Horn von Afrika.

Links:
Mit der Lynx über London.

Bei der US-Navy nach erfolgreich absolvierter Musterprüfung auf der Sikorsky MH-60S Knighthawk der HSC-3 Staffel, den Merlins.

Verladen in eine Transall für eine Nato-Mission im Ausland.

Links:
Sea Skua-Schießtraining in Wales 2006, wie die Malings rechts neben dem Einstieg dokumentieren.

Seefahrt und Fliegen – das macht den Reiz bei der 3. Bordhubschrauberstaffel aus.

Dank des Augenmaßes des Ortungsmeisters und trotz heftiger Windböen steht die Außenlast punktgenau auf den Landeplatz der SAR-Außenstelle Helgoland.

Ortungsmeister: Alleskönner von Beruf wegen

Multitalent wird er genannt oder weniger respektgebietend als Universalbemüh oder eierlegende Wollmilchsau bezeichnet: der HOM. Hubschrauber-Ortungsmeister verbirgt sich hinter diesem Kürzel, Operator lautet die internationale Bezeichnung für diesen ebenso vielschichtigen wie verantwortungsvollen Job.

Zugegeben, etwas merkwürdig sieht die 83+07 aus, wie sie in 120 Metern Höhe mit ihrer Außenlast über den Südhafen zur Landung auf der SAR-Außenstelle Helgoland einschwenkt. Knapp eine halbe Tonne Gewicht in Form alter Flugzeugreifen hängt in einem Netz am Lasthaken. Eine Übung also, wie sie die Lynx-Besatzungen regelmäßig durchführen. Hauptbootsmann Roy Förster, derzeit Chef der einsamsten Dienststelle der Marineflieger, winkt die Maschine routiniert ein, Pilot Kapitänleutnant Ricardo Riedel steuert die Maschine mit Samthandschuhen im Sinkflug.

Doch der wahre Boss bei diesem Manöver ist Stabsbootsmann Fabian Schüler. Er kniet vor dem geöffneten Seitentor mit einem Safetybelt gesichert und hat die Außenlast zehn Meter unter der Maschine fest im Blick. Es gilt, das Netz mit den Reifen punktgenau in einem Zielkreis auf dem Asphalt zu platzieren. Dazu gibt der Ortungsmeister seinem Piloten entsprechende Anweisung über das Intercom-Kommunikationssystem. Leicht beginnt die Fracht zu pendeln. Trotz des böigen Nordseewinds auf dem Roten Felsen gelingt das Manöver innerhalb von 30 Sekunden. Unmittelbar nach dem Aufsetzen der Außenlast arretiert der HOM den Haken an der Rumpfunterseite und der Draht fällt zu Boden. Kurz darauf steht auch die 83+07 mit auslaufendem Rotor vor der Halle der SAR-Außenstelle Helgoland.

Nicht alltäglicher Anblick: die 83+07 mit Außenlast.

Unten:
Die Überprüfung der abgesetzten Ladung zählt zu den Aufgaben des Ortungsmeisters …

Rechts oben:
… ebenso das Verschließen der Triebwerksöffnungen und hier des Staudruckmessers.

Je nach mitgeführter Rüstrolle variieren die Aufgaben von Stabsbootsmann Schüler. „Eigentlich bin ich für vier Jobs ausgebildet, kriege aber nur einen bezahlt", lacht der 44-Jährige. „So ein Außenlastmanöver wie heute ist dabei vergleichsweise easy to handle. Deutlich anspruchsvoller wird's, wenn das Tauchsonar eingerüstet ist. Auch das Winschen von Personen mit der Bergewinde ist jedes Mal wieder eine Herausforderung. Speziell wird es, wenn wir ein M3M-Maschinengewehr mitführen und ich in die Rolle des Door Gunners schlüpfe. Erst recht im scharfen Einsatz, wie damals bei der Nato-Operation Atalanta am Horn von Afrika, wo wir zur Bekämpfung somalischer Piraten eingesetzt waren."

Erst die Seefahrt, dann die Fliegerei

Doch wie kommt man zu einem solch exotischen Beruf, Ortungsmeister werden ja nicht gerade übers Arbeitsamt gesucht? „Ich bin Nordrhein-Westfale, gehöre also zu einer Bevölkerungsgruppe, der man eine ausgesprochene Affinität zur Seefahrt nachsagt", plaudert Fabian Schüler – zwischenzeitlich zum Oberstabsbootsmann befördert – aus seiner Vergangenheit. „Für mich stand schon als Schüler fest, dass ich bei der damaligen Bundesmarine zur See fahren will. Die Saat dazu hat mein Vater gelegt, der in den 70er-Jahren Fletcher-Fahrer war. In diese Fußstapfen wollte ich treten und Zerstörer fahren."

Und so kam es dann auch. An der Marinewaffenschule Lehrgruppe A in Eckernförde wurde Fabian Schüler 2001 in der Verwendungsreihe 24 zum Unterwasseroperateur ausgebildet. Als Ortungsgast fuhr er in den folgenden Jahren auf dem Lenkwaffenzerstörer „Mölders" sowie den Fregatten „Mecklenburg-Vorpommern" und „Niedersachsen". Nach erfolgreich absolviertem Bootsmannslehrgang wechselte er 2005 zum MFG 3 „Graf Zeppelin", flog nun auf der Breguet Atlantic. Als dieses Waffensystem ausgemustert und gegen die P-3C Orion getauscht wurde, bekam er die Chance, auf die Sea Lynx umzusteigen. Er zögerte keine Sekunde.

In Nordholz und zum Teil an der Marineortungsschule in Bremerhaven durchlief er die Ausbildung zum Hubschrauberortungsmeister auf der Sea Lynx Mk 88A. Größten Raum nahm darin die Sonarschulung ein: „Die Grundlagen sind dieselben wie auf einem Kriegsschiff, aber es sind ganz andere Systemkenntnisse erforderlich. Zwei Wochen Theorie pauken, zwei Wochen Intensivtraining im Simulator ... Es folgten sieben Ausbildungsflüge – fünf am Tag und zwei nachts. Die Ausbildungsgänge der Module Außenlasttransporte, Winschverfahren und M3M-Waffenausbildung liefen nach ähnlichen Strickmustern ab. Am Ende gab es jeweils eine theoretische und eine praktische Prüfung sowie eine finale Abschlussklausur mit den thematischen Schwerpunkten Luftfahrzeugsysteme und -verfahren, allgemeine Vorschriften, Meteorologie und Einsatzverfahren. Übrigens erfolgt einmal im Jahr in allen vier Bereichen eine Wissens- und Fähigkeitsüberprüfung – in der Theorie und mittels Checkflügen.".

Seefahrt und Fliegerei wie hier an Bord der Fregatte „Bayern", miteinander zu verbinden, ist für Oberstabsbootsmann Fabian Schüler der berufliche Idealzustand.

Kampfstarkes Duo

Doch wie läuft eine U-Bootjagd aus der Perspektive des Ortungsmeisters ab? „Einen Realeinsatz hat es natürlich noch nicht gegeben, dafür aber tausende von Trainingseinheiten im Rahmen von Übungen und internationalen Manövern. Auf einer Fregatte erhält eine Lynx die Rüstrolle für den Waffenträger, die andere die Rüstrolle Sonar. In dem nun folgenden Szenario hat die Aufklärung die ungefähre Position des feindlichen U-Boots – üblicherweise dargestellt von einer eigenen Einheit – bereits eingegrenzt. Die beiden Lynxe fliegen in dieses Seegebiet und der Dipper bringt das Tauchsonar AN/AQS-18, den sogenannten Sonar-Dom zu Wasser. Erfolgt eine elektroakustische Ortung des gesuchten Objekts, wird diese von unserem Taktischen Offizier mittels Data-Link an die OPZ unserer Fregatte gegeben. Die erteilt gegebenenfalls den Feuerbefehl an die zweite Lynx, die als Pony bezeichnet wird."

Links oben:
Die U-Bootjagd auf der Spur eines meist unsichtbaren Gegners ist eine anspruchsvolle Aufgabe.

Links unten:
Die 83+10 hovert, unmittelbar darauf bringt der HOM den Sonar-Dom ins Wasser

Die Sonarreichweite beträgt in Abhängigkeit von Wassertiefe und -temperatur zwischen 8 und 20 Kilometern. Je nach Triebwerksleistung steht die Sea Lynx in 12 oder 24 Metern Höhe im teil- oder vollautomatisierten Hovermodus über der Wasseroberfläche. Mindestens 30 Meter Wasser-

Die Rüstrolle Sonar ist in der Kabine montiert.

Der Dom des Tauchsonars AN/AQS-18.

tiefe sind für ein wirksames Ortungsvefahren erforderlich, wobei der Dom maximal 70 Prozent unter die Oberfläche taucht. 330 Meter beträgt die maximale Kabellänge.

Ist der Sonar-Dom im Wasser, sendet der HOM an seiner Konsole akustische Signale aus, die im Fall einer erfolgreichen Ortung von dem gesuchten Objekt zurückgeworfen werden. Anhand des reflektierten Signals und einer auftretenden Frequenzverschiebung kann er erkennen, ob und in welche Richtung sich das Objekt bewegt. Auch die Entfernung zum Ziel erscheint auf dem Screen der Konsole. Neben dieser aktiven Ortung gibt es außerdem das passive Sonar, bei dem lediglich die vom Objekt eigenständig generierten Signale Geräusche empfangen werden. Das schützt die Tarnung des ortenden Systems, liefert aber deutlich ungenauere Daten.

Rechts oben: Immer wieder geübt: SAR-Winschmanöver.

Auge des Piloten

Wie bereits erwähnt, trägt der HOM auch beim Transport von Außenlasten große Verantwortung. Bis zu 1360 Kilogramm kann eine Mk 88A laut ihrer technischen Spezifikation am Haken tragen. Standardlasten werden in einem Netz transportiert, das an einem drei oder sieben Meter langen Tau, Strop genannt, hängt. Aber auch Gitterboxen, Kleincontainer oder Triebwerkskisten werden – üblicherweise innerhalb eines Schiffsverbands – durch die Lynxe des MFG 5 bewegt. Dabei fällt im Vorfeld das sichere Packen des Transportguts in die Zuständigkeit des Ortungsmeisters.

„Während des Flugs und besonders beim Start und während des Absetzens muss ich die Außenlast permanent im Blick haben, denn der Pilot kann sie vom Cockpit aus nicht sehen", benennt Oberstabsbootsmann Schüler die Herausforderungen. „Das Gewicht muss stabil nach unten hängen, darum fliegen wir mit geringer Geschwindigkeit. Brenzlig kann die Phase des Absetzens werden: Stoppt der Pilot zu schnell auf, gerät die External Cargo ins Pendeln. Das kann auch bei starkem Wind passieren oder durch den Downwash des Rotors. Je nach Gewicht der Außenlast, fällt solch eine schwingende Bewegung mehr oder weniger heftig aus. Meistens reicht es, die Maschine nochmal ruckartig hochzuziehen, um die Dynamik rauszunehmen."

Nicht unähnlich ist das Verfahren, wenn die rechtsseitig oberhalb der Kabinentür eingerüstete Bergewinde zum Einsatz kommt. Vorgesehen ist sie für das Auf- und Abwinschen von Personen – an Land und auf See, bei Tag und bei Nacht. Dabei kann es sich um Boardingteams zur Kontrolle von Schiffen oder um Spezialkräfte bei Kampfeinsätzen handeln. Auch wird auf diese Weise innerhalb eines Schiffsverbands Personal von Einheit zu Einheit verlegt.

Santa Claus als Außenlast an der Bergewinde – ein eher seltenes Transportgut.

Links: Die Soldaten der Technischen Gruppe haben die Rüstrolle Bergewinsch eingebaut.

Hervorragende Dienste leistet die Winde bei SAR-Einsätzen für Schiffbrüchige, erkrankte oder verunfallte Besatzungsmitglieder sowie abgestürzte Flieger. Bei Bedarf können Patienten liegend in einer Vakuummatratze geborgen werden. Bei derartigen Einsätzen ist der Ortungsmeister auch für die medizinische Erstversorgung zuständig und entsprechend ausgebildet. Die maximale Tragkraft der hydraulisch arbeitenden Bergewinde ist mit 272 Kilogramm angegeben.

Präzise Feuerstöße

Dass es sich bei der Sea Lynx Mk 88A um einen Kampfhubschrauber handelt, ist immer dann prägnant zu erkennen, wenn die Technische Staffel die Rüstrolle Maschinengewehr montiert hat. Dann wird der Ortungsmeister zum Door Gunner. Tatsächlich wurde in der Vergangenheit bereits scharf geschossen mit dem M3M, berichtet Oberstabsbootsmann Schüler zurückblickend: „Während der EU-Mission Atalanta haben unter anderem Fregatten der Deutschen Marine den zivilen Schiffsverkehr unter der Flagge des UN-World Food Programs vor Piratenangriffen am Horn von Afrika geschützt. Dabei kam es mehrfach zu Notrufen und offensichtlichen Bedro-

Übungsschießen in der Ostsee auf eine ferngelenkte Drohne, gezielt wird durch das Rotpunktvisier.

hungslagen, wenn Tanker und Frachter von kleinen und schnellen Einheiten angelaufen wurden, augenscheinlich um diese zu entern. In solchen Situationen haben wir die mutmaßlichen Piraten mit gezielten Warnsalven vor den Bug abdrängen und in die Flucht schlagen können.

Natürlich kann man mit dem M3M nicht einfach so losfeuern. Solchen Einsätzen geht ein intensives Waffentraining für den jeweiligen HOM voraus, dessen praktischer Teil üblicherweise in den Schießgebieten Putlos und Todendorf in der Ostsee oder in der Danger Area nordwestlich von Helgoland durchgeführt wird.

Oberstabsbootsmann Schüler stellt dem M3M in der Kombination mit der Sea Lynx ein hervorragendes Zeugnis aus: „Die Waffe schießt äußerst präzise und ist, bedingt durch ihre Bauweise als Gasdrucklader, nahezu rückstoßfrei. 1200 Schuss pro Minute beträgt ihre Kadenz. Das Federpaket der Lafette absorbiert die Bewegungen der Waffe, ein Verreißen ist praktisch unmöglich. Bei der Feuerabgabe richten wir über Sicht und zielen durch ein Rotpunktvisier. Anschließend – nach ein bis drei Feuerstößen zur Ermittlung der Trefferlage – wird die Waffe feuernderweise ins Ziel geführt. Das hört sich so einfach an. Doch wenn man bedenkt, dass sich die Lynx und das Ziel mit erheblicher Geschwindigkeit bewegen, dann erfordert ein präzises M3M-Schießen regelmäßiges Üben und entsprechende Routine."

Befragt nach seinem entscheidendsten Erlebnis bei der Deutschen Marine benennt Fabian Schüler ohne zu zögern seine Mitwirkung am Fall des 2009 von somalischen Piraten entführten Containerfrachters „Hansa Stavanger“: „Besatzung und Schiff waren vier Monate unter hochdramatischen Umständen in der Hand von Piraten. Der Fall beherrschte seinerzeit weltweit die Medien, in der Diplomatie, der Politik und bei den Militärs glühten die Drähte. Als die ‚Hansa Stavanger‘ nach Zahlung eines Lösegelds wieder freikam, ging ich zusammen mit unserem Boardingteam als einer der Ersten an Bord. Wir mussten den völlig verwüsteten und zugemüllten Dampfer aufklaren. Das erste ausgemergelte Besatzungsmitglied, das mir an Bord begegnete, war unser ehemaliger Triebwerkstechniker Christian Hermann. Unmittelbar nach seinem Dienstende bei uns im Geschwader hatte er als Umschüler auf dem Schiff angeheuert. Wortlos fielen wir uns in die Arme. Mit der Fregatte ‚Brandenburg‘ haben wir die ‚Hansa Stavanger‘ anschließend bis zum Zielhafen Mombasa begleitet.“

Bereits 2011 hat Oberstabsbootsmann Schüler seine Prüf- und Lehrberechtigung erworben, anschließend zwei Jahre lang angehende Ortungsmeister ausgebildet. Und in Kürze muss er selbst wieder reichlich Praxis und Theorie pauken. Für ihn steht die Umschulung auf den Lynx-Nachfolger NH 90 Sea Tiger an, dessen Erprobung und Einführung er von Beginn an begleiten wird.

Oberstabsbootsmann Schüler war an Bord, als die Fregatte „Brandenburg“ 2009 das Containerschiff ‚Hansa Stavanger‘ nach dessen Befreiung aus Piratenhand nach Mombasa eskortierte.

Die Soldaten der 3. Bordstaffel müssen als berufliche Qualifikation auch eine Leidenschaft für die Seefahrt mitbringen.

Fliegen, wo die Flotte fährt – die DNA der Sea Lynx

Ein Bordhubschrauber ist genau das, was der Name aussagt, nämlich an Bord eines Schiffs zuhause. Richtig verstanden ist er eines der zentralen Waffensysteme, mit denen der Kommandant des jeweiligen Kriegsschiffs seinen ihm gegebenen Auftrag erfüllt. In der Natur der Sache liegt dabei, dass die Frauen und Männer der Bordhubschrauberei überall in der Welt zuhause sind. Dieses Kapitel bringt etwas Licht in die sonst eher abgeschiedene Welt dieser fliegenden Marinesoldaten, deren Dasein so eng mit den Einsatz- und Ausbildungsfahrten der deutschen Fregatten verknüpft ist. Reise, Reise ...willkommen an Bord!

Am Beginn dieses außergewöhnlichen Waffensystems stand natürlich die initiale Integration eines Flugbetriebsbereiches an Bord der Fregatte Klasse 122, der Bremen-Klasse. Als erste Neubauten der Bundesmarine zu Beginn der 60er-Jahre besaßen ihre Vorgängerschiffe der „Köln"-Klasse nämlich kein Flugdeck. Die F 122er übernahmen

Arbeiten auf schwankenden Planken: die 83+04 auf dem Landedeck der Fregatte „Hamburg".

83+02 gelascht auf dem Landedeck der Fregatte „Bremen“, Wartungsarbeiten am Rotor werden durchgeführt.

ohne Verzug die Aufgaben ihrer älteren Kameraden, nämlich den Begleitschutz von Konvois im Kalten Krieg von Nordamerika nach Europa. Ihre Hauptaufgabe war die U-Bootjagd. Hierzu wurde den Kommandanten nun ein neues Einsatzmittel, der Bordhubschrauber, an die Hand gegeben. Als integraler Teil der taktischen Waffenführung des Systems Fregatte arbeitete und arbeitet der Hauptabschnitt 500, der Flugdienst, für den Kommandanten, der seinerseits einem Verbandsführer verantwortlich ist.

Und so führten die ersten Seefahrten nach Indienststellung der „Bremen“ am 7. Mai 1982 auch in den Ständigen Einsatzverband Atlantik, auch STANAVFORLANT oder SNFL genannt, und in den Gegenpart im Mittelmeer, der Standing Naval Force Mediterranean oder SNFM. Meist bildeten ein knappes Dutzend Schiffe aus verschiedenen NATO-Mitgliedsländern einen Verband. Hauptaufgaben waren hier die intensive Vorbereitung auf maritime Gefechte mit den Kräften des Warschauer Paktes.

Schnell lernten die jungen Fregattenfahrer und Bordflieger in den frühen 80ern die Arbeit im sich ständig neu zusammensetzenden Verband. Gemeinsam trainierten sie kontinuierlich den Über- und Unterwasserseekrieg. Übung über Übung wurde während dieser Ständigen Einsatzverbände vom Stab auf dem Flaggschiff geplant: das Schiff in der Einzelübung, die Hubschrauber des Verbands einzeln und zusammen sowie die taktischen Verbandsübungen aller Domänen. Allerdings waren die Standards der Nato für diese Einsätze überaus hoch. Jedes Schiff musste sich vor Teilnahme einer harten Einsatzfähigkeitszertifizierung unterziehen.

Bereist wurden sämtliche Häfen dies- und jenseits des Atlantiks, was das den Besatzungen innenwohnende Fernweh voll und ganz befriedigte. Ob für den deutschen Verbandsführer 10 000 Jahre altes Gletschereis durch den vom Sea Lynx abgewinschten Ortungsmeister zur Kommandantenkonferenz abgeschlagenen werden musste oder die Bugkanone eines norwegischen Zerstörers als Ausweich-Landeplatz herhielt – die intensiven taktischen Übungen fanden ständig interessante Unterbrechungen.

Gost beim Fost – Make or Break!

Fost – ein Begriff, der jedem Fregattenfahrer seit 1962 die Haare zu Berge stehen lässt! Dahinter verbirgt sich der Flag Officer Sea Training der britischen Marine. Dieser führt für die Royal Navy und verbündete Streitkräfte seit 1958 die operative Seeausbildung für seegehende Einsatzeinheiten durch. Vier Jahre nach Aufstellung nahmen die ersten deutschen Einheiten teil. Gost lautete die Bezeichnung dafür, German Operational Sea Training. Lange Jahre fand diese Ausbildung auf der Marinebasis Portland statt, bevor der Mauerfall und die anschließenden sicherheitspolitischen Veränderungen 1995 einen Umzug nach Plymouth diktierten. Dort ist seitdem der Admiral Operative Seeausbildung mit seinen 270 Soldaten für die Sicherstellung der Einsatzfähigkeit der Schiffe verantwortlich. Und dieser Auftrag wird durch die britischen und internationalen Ausbilder sehr ernst genommen und täglich mit hohem persönlichem Einsatz gelebt. Ein Lehrgang dort dauert sechs Wochen – sofern ein Schiff dies durchhält und nicht vorher nach Hause geschickt wird, weil die Standards nicht erbracht werden.

Eine äußerst intensive Erstbeurteilung findet sofort nach dem Einlaufen statt und stellt den materiellen und personellen Status „Ready for Training" fest. Es schließt sich eine Hafenwoche mit der intensiven Begutachtung aller an. Feuerbekämpfungs- und Leckabwehrmaßnahmen werden genauso geprüft wie die taktische Leistungsfähigkeit des Hauptabschnittes Seegefecht oder die materielle Einsatzbereitschaft der Schiffslogistik. Klar, auch die Bordflieger im Hauptabschnitt 500 nimmt man bezüglich ihrer Wartungs- und Flugbetriebsbereitschaft exakt unter die Lupe. Sichergestellt sein müssen die Aktualität der Vorschriftenlage und die Ausbildung des Flugdienstpersonals.

Da anders als in der Royal Navy die sogenannte „Flight" in der Deutschen Marine nicht ständig einer bestimmten Fregatte zugeteilt ist, demnach die Schiffe oft länger keinen eigenen Flugbetrieb zu verzeichnen haben, ist für die FOST-Ausbilder die „Aviation Awareness" im Schiff besonders wichtig. Weiß der einzelne Seemann, wie er sich bei Flugbetrieb zu verhalten hat? Wo darf ich rauchen oder mich aufhalten? Wissen die Brückenoffiziere und die Schiffsführung, auf welchen taktischen und regulativen Vorschriften der Bordhubschrauber operiert? Wie verhält sich die Brücke als Befehlsstand des Schiffes bei einer Hubschraubernotlage, die sich ja weit entfernt von der Einheit abspielen kann oder unmittelbar auf dem Flugdeck mit möglicherweise katastrophalen Folgen für das Schiff?

Haben alle Hauptabschnitte diese Hürde genommen, geht es hinaus auf See. Jeder Tag beginnt mit dem Auslaufen durch das nautisch anspruchsvolle Revier vor Plymouth. Die Besatzung ist seit 04.45 Uhr wach und hat das Schiff erst einmal durchgewienert. Punkt 07.30 Uhr legen dann innerhalb der berühmten Breakwaters die Übersetzungsboote der Royal Navy Ausbilder an und rund 40 Spezialisten schwärmen innerhalb von Minuten durchs Schiff. Jeder davon kennt die deutschen Fregatten aus dem Effeff und findet sofort den jeweiligen deutschen Aufgabenträger, der nun für Stunden unter Druck gehalten und zu den kleinsten Details befragt wird. Es folgen Maschinenstörübungen, taktische und seemännische Probleme, logistische und sanitätsdienstliche Aufgabenstellungen. Aus der Schiffslautsprecheranlage dröhnt stundenlang Meldung über Meldung, Befehl nach Befehl: Feuer im Schiff, Verletztendarstellung mit Bergeaufgabe, 400-Hertz-Rolle und Jagdbomberangriff. Kann die Operationszentrale das Unterwasser- und Luftlagebild herstellen und halten? Ist der Bordhubschrauber zeitgerecht in Alarmbereitschaft gesetzt worden und ist die Besatzung über ihren Auftrag gebrieft? Wie kommen Teile der Besatzung durchs Schiff, während Abteilungen wegen Rauchgas oder nicht explodierter Munition abgeschottet sind? Ist der Kommandant Herr des externen und internen Lagebildes, wie koordiniert er – der Gesamtverantwortliche – sich mit seinem Leiter des inneren Gefechtes, dem Ersten Offizier?

German Operational Sea Training: 83+04 im Anflug auf die „Bremen".

Stress-Test

Es steht eine U-Boot-Jagdübung an und die beiden Sea Lynx sind im Parallelflugbetrieb draußen. Einer mit Sonar und der andere mit zwei Übungs- oder Drilltorpedos – vielleicht existieren die Waffen auch nur auf dem Papier. Das macht nichts, denn Meldeverfahren werden standardisiert eingehalten, die Waffenfreigabe wird geprüft und im Hubschrauber die Procedures zu Drop abgefahren, während der Dipper im Sonarschwebeflug steht und Zieldaten meldet. Das U-Boot, gespielt oder wirklich vorhanden, ist nah. Es gilt, das echte, freundliche U-Boot nicht zu gefährden. Die Lage ist heiß. Der Torpedo muss schnell ins Wasser. Erst mal eine Waffe rein, genauer werfen werden wir gleich. Zunächst beschäftigen wir den Typen da unten. U-Bootbesatzungen und vor allem die Kommandanten sind Meister ihres Faches. Aber der Sprit des Dippers neigt sich dem Ende zu. Es braucht eine Entscheidung des Komman-

Flight Controller in der sogenannten Flyco, dem Flugkontrollraum mit Blick auf das Landedeck, während des Starts einer Mk 88.

Rechts oben: Die 83+02 im Hangar beim Vorflugcheck durch die Bordwartungsgruppe.

danten, wann er ihn wieder an Bord haben will. Die Zeit drängt, denn nach Landung und Aufspritten muss der Dipper in den Hangar verfahren werden, um anschließend das Pony landen zu lassen.

Die Zeit der U-Jagdübung ist rum, das Schiff steht plötzlich unter akuter Luftbedrohung. Die Hawk Jets des FOST machen sich auf der Royal Naval Air Station Culdrose bereit zum Start. Aufgabe: Angriff auf die deutsche Fregatte entweder als Jagdbomber oder als Simulator eines Sea Skimming-Flugkörpers. Die Piloten der Hawk sind alte Haudegen und fliegen selten höher über See als maximal 45 Fuß. Das Problem: Bei diesen Angriffen dürfen wegen der Flugsicherheit im dynamischen Luftraum keine anderen Luftfahrzeuge fliegen. Das Pony ist noch draußen und 15 Meilen entfernt, die No Fly-Zone wird in 10 Minuten aktiviert. Ist unsere Lynx noch in der Luft, gibt es einen Sicherheitsabbruch durch die Ausbilder und ein Ungenügend in der Benotung.

Zerreißprobe für die Nerven des Kommandanten. Der HLM merkt den Atem seines englischen Ausbilders im Genick, meldet nervös die Entfernung des eigenen Hobels an die Brücke. Das Schiff hat noch einen Kurs zu fahren und kann erst in drei Minuten auf Flying Course gehen, den Kurs zur Annahme des Hubschraubers. Erwartet wird, dass die fliegende Besatzung innerhalb von 30 Sekunden ihrer befohlenen C-Zeit, der Landezeit, an Deck steht. Dazu kommen noch zwei Minuten, um den Helo mit Nylon-Lashings und zusätzlichen Ketten zu sichern. Am Ende: Alles gemacht, Zeit geschafft.

„Red Deck" befiehlt die Brücke, das Zeichen dafür, dass das Schiff nun mit Fahrt angehen und eigenständig mit hohen Ruderlagen Haken schlagen kann. Erfolgreiche Luftabwehr ist ein Spiel von Geschwindigkeit und klarer Befehlsgebung: Wissen, woher die Bedrohung kommt, sofortige Prioritäten setzen. Die Offiziermesse ist derweil

Die Fregatte „Karlsruhe“ feuert einen Seezielflugkörper RGM-84 Harpoon ab, was in Schießgebieten um Hawaii, in norwegischen oder südafrikanischen Gewässern geübt wird.

zum Verwundetennest umgebaut worden. Ein Treffer wie damals im Falklandkrieg auf der „Sheffield“ droht. Viele der Ausbilder waren noch dabei im Seegefecht des Südatlantiks, schwere See und ständige Bedrohung. Sie wissen wie Verluste aussehen und sind unnachgiebig, was die Standards angehen. Sie wissen auch, dass sich eines durch jede Gefechtshandlung zieht: Bleierne Müdigkeit und mentale Überlastung, die jede geistige und körperliche Aktivität behindern.

Die Hawk zischt unter Brückenhöhe vorbei. Simulierter Einschlag knapp oberhalb der Wasserlinie, Chaos will durch rigide Konzentration und hundertprozentige Abarbeitung der Verfahren bezwungen werden. Der Vorfall wird bewältigt, genauso wie die der kommenden Tage und Wochen, wobei die Latte jedes Mal höher liegt. Kein Fehler zweimal! Die bekannt britischen, beißenden Beurteilungen der Ausbilder sind von epischer Form und noch jedem BOST-Fahrer im Rückenmarkstamm.

DESEX – Die Karibik ruft!

Nach diesen immer wiederkehrenden Ausbildungsabschnitten werden die Fregatten ihren Einsätzen zugeteilt. SNFL, SNFM, dem Einsatzausbildungsverband der Marine nach Südafrika oder Südostasien, um dort Flagge zu zeigen. Das DESEX oder Destroyer Exercise der Marine führte die Verbände gerne einmal in die Karibik, genauer gesagt nach Roosevelt Roads, liebevoll Rosie Roads genannt. Dort konnten die Schiffe in einem technischen Übungsgebiet der US Navy sowohl Lenkflugkörper schießen als auch Torpedos werfen. Düppel und sonstige Waffen- und Abwehrsysteme konnten kontrolliert und überwacht zum Einsatz kommen. Die Sea Lynx-Bordhubschrauber trainierten hier taktisch durch reelle Torpedowürfe und unterstützten durch Transportkapazität. Sonne, Strand, Cocktails an Bord der Schiffe, weiße Uniformen an Land und wochenlang karibisches Flair. Auf dem Rückweg ging es gerne nochmals auf den Kanarischen Inseln an Land, um der Unternehmung einen würdigen Abschluss zu geben.

JMC – der Joint Maritime Course

Das JMC wurde bereits kurz nach dem Zweiten Weltkrieg von der Royal Air Force und der Royal Navy ins Leben gerufen und sollte die gemeinsame Koordination der U-Bootjagd optimieren. Die Seefernaufklärer der britischen Luftwaffe und die seegebundenen Einsatzkräfte rüsteten sich hier gegen die immer größer werdende Bedrohung durch die U-Boote des Warschauer Paktes. Auch Nato-Einheiten konnten am JMC teilnehmen und die Deutsche Marine machte hier keine Ausnahme. Die komplexe Übung fand meist in dem Gebiet nordwestlich von Schottland statt. Schwere See sorgte hier häufig für einen Flugbetrieb am Rande der Limits, sogar für eine Lynx. Wellenhöhen von vier Metern waren beileibe keine Seltenheit und die Einsätze über zwei Wochen fanden sowohl tags als auch nachts aus den verschiedenen Bereitschaftszuständen statt. Und wer noch nie morgens um 03:30 mit einem „Action Lynx, Action Lynx!“ bei schwerer See und Temperaturen um den Gefrierpunkt in die U-Bootjagd gerufen worden ist, der hat noch ein wahrliches Erlebnis offen.

Während der DESEX in den warmen Gefilden der Karibik ergaben sich für die Soldaten des Hauptabschnitts 500 immer wieder entspannte Momente.

Seegang und Schlechtwetter waren beim JMC in schottischen Gewässern an der Tagesordnung.

BALTOPS – Im Heimatrevier Ostsee

Die Ostsee mit den beiden hier aufeinandertreffenden Bündnisblöcken ist sozusagen das Heimatgewässer der Deutschen Marine. Seit 1971 findet hier ein US-geleitetes multinationales Manöver statt, das mehrere Komponenten in sich vereint: Sichtbarkeit der Nato im Ostseeraum – auch als Zeichen der Sicherheit für Nicht-Nato-Staaten, Erprobung von Verfahren in genau diesem Seeraum sowie nach dem Kalten Krieg die sicherheitspolitische Möglichkeit der Teilnahme von Marinen des ehemaligen Warschauer Pakts unter dem Zeichen des „Partnership for Peace“.

Fregattenkapitän Gawlitza erinnert sich: „Nach dem Abschluss meiner taktischen Ausbildung auf dem linken Sitz der Sea Lynx war ich ab April 1999 als Einsatzpilot in der 3. Bordhubschrauberstaffel angekommen. Nur wenige Wochen später fand ich mich als erfahrungstechnisch jüngster Pilot, als III HFO, wieder an Bord der Fregatte ‚Bremen‘. Seefahrer Helmut war unser Einsatzoffizier oder HEO, der erfahrenste Flieger an Bord. Einser war Schachte und Zweier war Jack. Außerdem war Ortungsmeister Dieter mit von der Partie, ein Urgestein und Virtuose am AN/AQS-18 Sonar. Wir hatten auch ein schwedisches Boarding-Team dabei und übten und übten: Sonar, Radaraufklärung, Landung auf anderen Schiffen wie der USS ‚Hue City‘ ... Schwedische Saab Viggen-Jäger fühlten sich derart wohl in ihrem Wohnzimmer dort, dass sie bei gleichzeitigem Hubschrauberbetrieb bis auf unterer Brückenhöhe der ‚Bremen‘ entlangdonnerten“.

Die schwedischen Marineflieger nutzten damals noch den wunderbaren Vertol 107, bekannt auch als HKP-4 oder CH-46 Sea Knight. Dieser Hubschrauber mit Tandemrotor war sowohl mit Radar als auch mit Sonar ausgerüstet und garantierte mit seiner unwahrscheinlich professionell betriebenen Ausrüstung die U-Bootüberwachung der schwedischen Hoheitsgewässer. Die Schweden stellten einen Antrag zur Landung des HKP-4 auf der „Bremen“. Dieser wurde vom Flottenkommando jedoch abgelehnt. Die Folge

Reiseimpressionen aus dem Fotoalbum des Hauptabschnitts 500

Internationaler Baltops-Verband 2022 in der Mecklenburger Bucht.

war, dass nur Winschbetrieb durchgeführt oder Personal durch Aufsetzen des Bugrades auf dem Flugdeck übergeben werden konnte. Es kam wie es kommen musste, nach einem Hydraulikausfall beim Winschen musste der Hubschrauber notlanden und tat dies im rechten Winkel zur Vorausachse des Schiffes. Ein ungeheures fliegerisches Können des schlohweißhaarigen älteren Fliegerkameraden. Wir freuten uns schon auf einen Besuch in Stockholm, um das Luftfahrzeug mit einem Kran zu entsorgen. Leider liefen wir Gdynea in Polen an und nach einiger Zeit hatten die schwedischen Techniker anscheinend das richtige Ersatzteil organisiert und der Hubschrauber entschwand nach einem Dichtlauf recht unspektakulär von unserem Deck. Wir genossen dann die Zeit in Sopot und Gdansk, bevor es dann weiter ging mit Übungen und Flugdienst. Ich war froh, im Bordflugbetrieb angekommen zu sein und mich nach all den Ausbildungsstrapazen freifliegen zu können."

Operation Sharp Guard

Es war im Juli 1992, als die südliche Adria wegen der Jugoslawienkriege in den Blickpunkt des Weltinteresses rückte und die SNFM, die Standing Naval Force Mediterranean, mit insgesamt acht Schiffen dort seeseitige Positionen bezog. Zunächst wurden im Rahmen der Operation Maritime Monitor nur die in das Seegebiet einlaufenden Schiffe registriert, auch durch drei vom Marinefliegergeschwader 3 „Graf Zppelin" bereitgestellte Seefernaufklärer Breguet Atlantic.

Im Juni 1993 begann – basierend auf mehreren UN-Resolutionen –die gemeinsame Operation „Sharp Guard" mit Einheiten der Nato und der Westeuropäische Union zur See und in der Luft. Ziel war die Durchsetzung von Wirtschaftssanktionen und Waffenembargos gegen Jugoslawien in den Operationsgebieten Otranto und Montenegro einschließlich der Hoheitsgewässer Albaniens und Montenegros.

„Die Operation ‚Sharp Guard' war der erste ‚scharfe Einsatz' auch für unsere Bordhubschrauberstaffel", erinnert sich Fregattenkapitän a.D. Dieter Sandforth. „Auf einmal waren unsere ASW-Fähigkeiten nicht mehr gefragt. Stattdessen flogen wir ausschließlich Aufklärungsmission gegen mögliche Blockadebrecher und zwar gefühlt mit einem durchaus höheren Gefährdungsgrad als bisher bei allen vorher durchgeführten Übungsflügen. Aber die Motivation unserer Hubschrauberbesatzungen, diese Operation aktiv zu unterstützen, war sehr hoch. Es hat klaglose und freiwillige Einschiffungsdauern von bis zu sechs Monaten pro Jahr gegeben. Piloten und Operateur sind teilweise nach vier Monaten zurückgekommen, haben kurz zu Hause die

Angehörigen besucht und sind Wochen später wieder in den Einsatz gegangen.“

Tag und Nacht wurden – größtenteils auch in Nähe der jugoslawischen Hoheitsgewässer – dafür Schiffe angeflogen, um deren Namen und IMO-Registrierungsnummer festzustellen, diese anschließend zur Überprüfung an den CTG 440 zu melden. Nach erfolgter Rückmeldung und Überprüfungsauftrag wurde dann die Brückencrew durch den nichtfliegenden Piloten mit einem Fragenkatalog – Besatzungsstärke, Reederei, Start- und Zielhafen, Ladung ... - konfrontiert. Ein Procedere, das sich aufgrund mangelhafter Englischkenntnisse häufig als schwierig erwies.

Weitere Maßnahmen, beispielsweise das Untersuchen von Schiffsladungen vor Ort durch die neu aufgestellten Boarding-Teams der Marine, durften durch die deutschen Einheiten in der Anfangsphase nicht durchgeführt werden. Aufgrund einer eingebrachten Klage beim Bundesverfassungsgericht wurde die Verfassungsmäßigkeit des Einsatzes anfänglich bezweifelt, was bis zur Klärung im Juli 1994 zu einer Rechtsunsicherheit bei den Beteiligten führte. Deutsche Einheiten hatten bis dahin eine Sonderrolle im Verband inne, fühlten sich in der Folge nicht als vollwertiges Mitglied und mussten andere beteiligten Einheiten jedes Mal um Unterstützung bitten.

„Eine besondere Erinnerung verbinde ich persönlich immer noch mit der Operation ‚Sharp Guard‘,“ so Fregattenkapitän a.D. Dieter Sandforth. „Als die ersten Vorbereitungen innerhalb der Staffel begannen, traf sich in einem Dorf südlich des Flugplatzes eine Gruppe von Ehefrauen, um in einem abendlichen Gesprächskreis die zukünftige Rolle ihrer Männer in diesem ersten ‚scharfen Einsatz‘ zu bewerten. Einstimmig kam diese Gruppe zu dem Entschluss, dass aufgrund der Gefährdungsanalyse nur Unverheiratete und Junggesellen einen Einsatzbefehl erhalten sollten. Denn letztendlich würde jede von ihnen gegebenenfalls den Verlust eines geliebten Mannes zu beklagen haben. Dieser Ansatz wurde dem Staffelkapitän anschließend zur Entscheidung vorgetragen. Nach Kenntnisnahme meinerseits konnte ich aber diesen Ansatz mühelos bei der Damenfraktion entkräften. Mein Argument war: ‚Ich bin Navy-Pilot, jung und unverheiratet, im Besitz eines Sportwagens aus Zuffenhausen. Um mich werden definitiv mehrere junge Damen weltweit weinen und nicht nur eine Frau‘.“

Dieser Ansatz „Keine Ehemänner in den Einsatz“ wurde danach nicht mal ansatzweise mehr vorgebracht und auch von allen zukünftigen Staffelführungen für immer zu den Akten gelegt. Am 19. Juni 1996 endete auch für die fliegenden Besatzungen der 3. Staffel – ohne Verlust an Personal und Material – die aktive Operationsphase von „Sharp Guard“.

Links: Boarding-Teams werden vom Ortungsmeister mittels Bergungswinde auf die zu kontrollierenden Schiffe angewinscht.

Operation Enduring Freedom – Reaktion auf 9/11

Die OEF war die direkte Folge des Anschlags auf das World Trade Center in New York. Der sich daraus ergebende Artikel 5-Fall des Washingtoner Vertrages

Sea Lynx startet zu ihrem Flug zur Fregatte „Bayern“ vom Flughafen in Djibouti.

So mancher Soldat musste des Hauptabschnitts 500 musste während der Operation Enduring Freedom die obligatorische Äquatortaufe über sich ergehen lassen.

nahm daraufhin alle Nato-Staaten in die Pflicht. Die Deutsche Marine beteiligte sich nach einem Bundestagsmandat vom 16. November 2001 mit rund 1800 Soldaten an der Operation. Schiffe und Bordhubschrauber der Flotte, aber auch die Seefernaufklärer des MFG 3 „Graf Zeppelin" wurden in das Gebiet um das Horn von Afrika ausgesandt. Aufklärung irregulärer Kräfte im Golf von Aden und dem Indischen Ozean war genauso in der Auftragsbeschreibung wie der Schutz passierender Schiffe durch das Bab-el-Mandeb, der strategischen Meerenge am Südende des Roten Meeres.

Aufgrund der ungeheuerlichen Distanzen waren hier die Bordhubschrauber der Kampfschiffe und Seefernaufklärer von besonderer Bedeutung. Patrouillen zur Aufklärung und das Boarding von verdächtigen Schiffen wurde durchgeführt, genauso wurden Seenotrettungsfälle abgearbeitet. Die Kampagne wurde vom internationalen Befehlshaber der Task Force 150 in See geleitet, der wiederum dem US Central Command in Manama/Bahrain unterstand. Viele bleibende Eindrücke wurden hier von den Besatzungen gewonnen, Tiefflüge über Djiboutis Wüste waren genauso interessant wie die Hafenbesuche von Mombasa, den Seychellen, Dubai, Maskat oder Salala im Oman.

Die Auftragslage am Horn von Afrika bestimmte in den ersten zehn Jahren des neuen Jahrtausends das Einschiffungsgeschehen der 3. Bordhubschrauberstaffel. Landes- und Bündnisverteidigung in heimischen und angrenzenden Gewässern mit der klassischen Verbandsarbeit trat zugunsten der Abwehr der asymmetrischen Bedrohung in den Hintergrund. Eine ganze Generation von Lynx-Besatzungen wurde hier im heißfeuchten Klima geprägt. Äquatortaufen übernahmen die Rolle der Polartaufen und auch die Ausrüstungen und Verfahren passten sich den Tropen an. Die Operation Enduring Freedom wurde von Jahr zu Jahr durch den Bundestag bewertet und schrittweise reduziert, so dass Ende November 2008 nur noch 800 Soldaten bei OEF, abgestützt auf Schiffen oder dem Stützpunkt Djibouti, dienten. Der deutsche Beitrag wurde Ende Juni 2010 beendet. Da ein erhoffter Nebeneffekt, die Begrenzung der Piraterie am Horn von Afrika, nicht eingetreten war, musste die Europäische Union zur Sicherung der maritimen Lebensadern bereits 2008 zu entsprechenden Maßnahmen greifen.

ATALANTA – EU-Mission zur Piratenabwehr

Eine weitere Bedrohung für den internationalen Seehandels- und Warenverkehr etablierte sich um die Jahrtausendwende mit einem Anstieg der Piraterie in den Seegebieten um Somalia und dem Golf von Aden. Hier operierten fast ständig lokal gebaute mittlere Handelsschiffe, sogenannte Dhaus, oder Küstenmotorschiffe als Piratenmutterschiffe. Von diesen Stützpunkten auf See führten jeweils mehrere kleine, schnelle und schnittige Fischerboote, Skiffs genannt, Enteroperationen auf Handelsschiffe durch und bedrohten nach einem Handstreich die Besatzungen.

Auch die mit hochmoderner Sensorik ausgerüsteten Seefernaufklärer P-3C Orion des MFG 3 „Graf Zeppelin" kamen bei der Operation Atalanta zum Einsatz.

Spezialkräfte der Royal Navy entwaffnen mit Lynx-Unterstützung von Bord der Fregatte „Portland“ zehn somalische Piraten und nehmen sie anschließend in Arrest.

Weitere Piraten wurden zur Verstärkung an Bord gebracht, um das Ziel vollständig in die Gewalt zu bekommen. Anschließend wurden die Handelsschiffe in die Territorialgewässer von Somalia verbracht, wo durch regelkonforme Seestreitkräfte oder Behördenschiffe wenig Handhabe bestand.

Also wurden Marineschiffe im Mandat der Europäischen Union eingesetzt. Ständige Patrouillen erfolgten, um Piratenangriffe abzuwehren oder zu versuchen, das gekidnappte Schiff durch Einsatz von Spezialkräften wieder in Besitz nehmen. Ein herausragendes Ereignis hierbei war die Kaperung des Containerschiffes „Hansa Stavanger“ der deutschen Schifffahrtsgesellschaft gleichen Namens am 4. April 2009 etwa 400 Seemeilen vor der Küste Somalias. Die Fregatten „Mecklenburg-Vorpommern“ und „Rheinland-Pfalz“ waren mit Bordhubschraubern vor Ort. Zeitgleich verlegte die Bundespolizei sechs Hubschrauber der Fliegergruppe und Einheiten der GSG 9 nach Kenia und auf den amerikanischen Hubschrauberträger „Boxer“. Eine dynamische Befreiungsoperation wurde letztlich aufgrund des Risikos für die 24 Besatzungsangehörigen der „Hansa Stavanger“ und auch wegen eines Zuständigkeitsstreits des Bundesinnen- und Bundesverteidigungsministeriums nicht durchgeführt.

Im Zuge von Atalanta war es mehrfach nötig, Waffengewalt anzuwenden. Dies geschah in der Mehrzahl durch die weit vom Schiff operierenden Bordhubschrauber Sea Lynx mittels des schweren Maschinengewehrs M3M. Bedrohungen waren hierbei die oft unter Drogeneinfluss stehenden Piraten im Besitz von tragbaren Luftabwehrsystemen, sogenannten Manpads, oder Sturmgewehren des Typs Kalaschnikow Ak-47 und dessen Derivate. Unter Bedrohung zu agieren, wurde nun zum Normalfall für die Sea Lynx Mk 88A. Ein bekannt gewordener Fall war die Vereitelung der Kaperung des türkischen Handelsschiffes „Elgiznur Cebi“ durch die beiden Bordhubschrauber der Fregatte „Bremen“ am 14. August 2009, die durch schnelle Reaktion und Waffeneinsatz das Aufentern der Piraten verhindern konnte.

UN UNIFIL 2006 - 2008

Der Libanon ist ein innenpolitisch komplexes Land und unterhält ein noch komplexeres Beziehungsgeflecht zu seinen Nachbarn und der restlichen Welt. Einflüsse aus dem Iran sind genauso spürbar wie das schwierige Verhältnis zu Israel und Syrien. Unifil – United Nations Interim Force in Libanon – ist die älteste UN-Mission. Sie wurde 1978 ins Leben gerufen. Mit dem erneuten Libanonkrieg 2006 wurde eine Erweiterung des UN-Mandats bezüglich einer maritimen Operation erforderlich. Damit war die Maritime Task Force, auch MTF 448 genannt, geboren. Anfänglich entsandte die Deutsche Marine Fregatten mit Bordhubschraubern zur Aufklärung des Einsatzgebietes. Diese Sea Lynx-Maschinen gehörten nicht zur offiziellen akkreditierten „Weißen Flotte“, sondern erhielten nur einen weißen Streifen am Rumpf mit der Aufschrift UN. Ansonsten behielten sie ihre graue Tarnfarbe und durften nur im Ausnahmefall und mit besonderer Genehmigung im Einsatzgebiet Südlibanon oder zum Hauptquartier UNIFIL in Naqura fliegen.

DEU-US CSG Carrier Strike Group 2018

Zu den weiteren Aufgaben der Marine gehört es, im bilateralen Beitrag eine Luftabwehrfregatte F 124 zu ausgewählten US-amerikanischen Trägerverbänden zu entsenden. So wurde die Fregatte „Hessen“ 2018 an die Ostküste der USA geschickt, um zusammen mit der Flugzeugträgergruppe 8 – der Carrier Strike Group Eight, kurz CSG-8 – sowohl ein Trainings- als auch das folgende Einsatzszenario durchzufahren. Mit dabei waren die Sea Lynx-Bordhubschrauber des Marinefliegergeschwaders 5.

Fregattenkapitän Gawlitza: „Mit einem Flugzeugträger im Verband zu fahren, der seinerseits Flugbetrieb mit hochmodernen Super Hornet Jagdbombern durchführt, bringt seine ganz eigenen Eindrücke, Erfahrungen und Einschränkungen mit sich. Die amerikanischen Marineflieger sind die Profis in dieser Domäne und daran gibt es keinen Zweifel. Wie dort in zyklischen Operationen – Cyclic Operations – eine unglaubliche Flugstunden- und Einsatzzahl erflogen wird, ist gelinde gesagt mehr als beeindruckend. Ein Flugzeugträger dreht unwahrscheinlich schnell und ändert seinen Kurs, damit er unvorhersehbar bleibt, und alle im Verband befindlichen Schiffe müssen ihre Station halten, damit der Schutz des Flugzeugträgers nicht kompromittiert wird. Dies ist für die Brückenbesatzung erheblich belastend, und wer Fehler macht, wird mitunter von startenden F-18 in äußerst geringer Höhe überflogen. Das hält jeden wach!

Tags und nachts wird integrierter Flugbetrieb durchgeführt, ein ganz genau abgestimmter Flugeinsatzplan auch der Hubschrauber auf den Begleitschiffen muss gepflegt werden. Die Luftraumstruktur um einen fahrenden Flugzeugträger ist deutlich komplexer als die eines internationalen Flughafens. Sowohl die Bordhubschrauber des Verbandes als auch das hinter dem Träger designierte „Plane Guard“-Schiff sorgen bei einem eventuellen Absturz oder Schleudersitzausstieges einer Jet-Besatzung für deren schnelle Rettung. Auch als Teil der Carrier Strike Group konnten die Sea Lynx-Besatzungen unvergessliche Erlebnisse mit nach Hause bringen und von Hubschrauber-Flügen über New York erzählen, von Hafenbesuchen in Split, Barcelona, Lissabon, Mayport und Rota in Spanien.“

EUNAVFOR MED Irini

Seit dem 7. Mai 2020 ist die Deutsche Marine an der Mission EUNAVFOR MED Irini im zentralen Mittelmeer beteiligt. Dahinter verbirgt sich der Auftrag der Europäischen Union, das Waffenembargo der Vereinten Nationen gegen Libyen durchzusetzen. Ganz praktisch beinhaltet Irini die Zielsetzung, das Entdecken, Anhalten und Durchsuchen von Schiffen im Einsatzgebiet, die des

Carrier Strike Group Eight: Fregatte „Hessen“ läuft an der Steuerbordseite des Flugzeugträgers „Harry S. Truman“ der US Navy.

Rechts unten: Der Sea Lynx-Bordhubschrauber verbringt ein Boarding-Team zur Kontrolle, ob ein Verstoß gegen das UN-Waffenembargo vorliegt.

Waffenschmuggels nach Libyen verdächtig sind. Weitere Aufgaben der beteiligten Einheiten sind das Überwachen und Sammeln von Informationen über illegale Exporte von Erdöl, Rohöl und raffinierten Erdölprodukten aus Libyen. Außerdem werden Informationen über Schleuser- und Menschenhändlernetzwerke gesammelt und an die zuständigen Behörden übermittelt.

Sieben europäische Nationen beteiligen sich an der Mission. Deutschland war im Wechsel mit Seefernaufklärer P-3C Orion und verschiedenen Schiffen mit Sea Lynx-Bordhubschraubern dabei.

Bei diesem Einsatz wurden auch zwei Maschinen der 3. Staffel auf Einsatzgruppenversorgern eingeschifft, der „Berlin" und der „Bonn". Neben logistischen Aufgaben zum Transport von Personal und Material erhöhten die Helikopter als fliegendes Auge während des Irini-Einsatzes die Reichweite des EGV und verbrachten Boarding-Teams auf zu kontrollierende Schiffe. Sie übernahmen damit wichtige Aufgaben zur Durchsetzung des Auftrags. Weitere Sea Lynx-Hubschrauber kamen von Bord der Fregatten „Hamburg" und dem EGV „Bonn" zum Einsatz.

Irini-Einsatz: Die Fregatte „Hamburg" hat den Tanker „Royal Diamond 7" wegen des Verdachts auf eine illegale Ladung gestoppt.

Mit der „Bayern" im Indopazifik

Die siebenmonatige Mission der Fregatte „Bayern" in den Indopazifik vom 2. August 2021 bis zum 18. Februar 2022 fand unter besonderer Aufmerksamkeit von Politik und Medien statt. Mit der Präsenz- und Ausbildungsfahrt setzte Deutschland ein Zeichen für Frieden und Stabilität im indisch-pazifischen Raum, eine der strategisch wichtigsten Regionen der Welt. Gekennzeichnet war die Reise von operativen, aber im Schwerpunkt auch diplomatischen sowie außenpolitischen Facetten. Die Fregatte der Klasse F123 beteiligte sich an der Überwachung von UN-Sanktionen gegen Nordkorea, demonstrierte außerdem durch ihre Anwesenheit das Bekenntnis Deutschlands an der Seite seiner internationalen Partner zum Völkerrecht und der Freiheit der Seewege.

Die Route führte die 180 Besatzungsmitglieder über das Horn von Afrika nach Australien, Japan, Südkorea, Vietnam und Singapur. Dabei legte die „Bayern" rund 43 000 Seemeilen zurück und beteiligte sich auch an internationalen militärischen Übungen. Darunter ein von Japan geführtes Manöver mit mehr als 20 Schiffen aus den USA, Kanada und Neuseeland. Zudem nahm die Fregatte an der Nato-Mission Sea Guardian im Mittelmeer und an der europäischen Anti-Piraterie-Mission Atalanta am Horn von Afrika teil.

40 Soldaten aus Nordholz – aufgeteilt in zwei Crews für jeweils den ersten und zweiten Teil der Auslandsreise – zählten zur „Bayern"-Besatzung und stellten den Flugbetrieb rund um die Uhr sicher. Dies beinhaltet die Vorbereitungen für jeden einzelnen Flug, die technische Wartung in See bis hin zur letzten Landung an Deck.

„Insgesamt 345 Flugstunden haben unsere Maschinen im Rahmen der Indopazifik-Mission absolviert, wurden dabei für die Seeraumüberwachung, die Aufklärung sowie die Bereitschaft für Such- und Rettungseinsätze eingesetzt", erklärt Kapitänleutnant Marcus Sievertsen, der als LTO für die flugtechnische Komponente an Bord verantwortlich war. „Mit ihren Flügen haben die Lynxe die operative Reichweite der Fregatte deutlich erweitert und so wesentlich zur Erstellung exakter Lagebilder in den jeweiligen Seegebieten beigetragen. Unter ungewohnten, teils extremen klimatischen Bedingungen konnten neue fliegerische Erfahrungen gesammelt werden."

Während des ersten Abschnitts der Reise waren die 83+02 und die 83+12 an Bord. Auf dem US-Marinestützpunkt Guam am Hafen von Apra, gelegen auf den Marianeninseln im Westpazifik, wurde für die zweite Hälfte das gesamte Personal des Hauptabschnitts 500 getauscht. Außerdem kamen mit der 83+17 und der 83+26 zwei frische Sea Lynx-Hubschrauber auf die „Bayern". Beide hatten zuvor die große 480-Flugstundeninspektion bei der Technischen Staffel Mk88A in Nordholz durchlaufen.

Crew- und Techniktausch waren eine anspruchsvolle logistische Herausforderung für den Planungsstab des MFG 5. Teilweise mussten diplomatische Wege beschritten werden, um die Vielzahl von erforderlichen Genehmigun-

Die Fregatte „Bayern“ und der japanische Zerstörer „Yūgiri“ während des internationalen Manövers Annual Exercise in der Philippinensee am Westrand des Pazifiks.

Die 83+02 mit Fregattenkapitän Gawlitza im Cockpit landet auf dem Helideck der „Yūgiri“, die zur Flotte der Japan Maritime Self Defense Force gehört.

Rechts: Schlangen als blinde Passagiere? Dagegen ist man auf Guam gewappnet und zwar durch den Einsatz von Suchhunden.

Gelascht, gezurrt, gesichert ... die Sea Lynx bereit für den Rücktransport nach Nordholz im riesigen Frachtraum der Antonow An-124-100M.

Vor der Heimreise noch ein Selfie mit dem vierstrahligen Schwerlast-Frachtflugzeug, der weltweit größten in Serie gebauten Transportmaschine.

gen zu bekommen. Eine Transportmaschine vom Typ Antonow An-124-100M landete auf der Andersen Air Force Base auf Guam, lieferte die beiden Ersatzmaschinen und brachte die Hubschrauber der ersten Törnhälfte anschließend zurück nach Nordholz.

„Dieser noch in der Sowjetunion gebaute weltweit größter Transportflieger kann zwei Lynxe problemlos in seinem riesigen Frachtraum aufnehmen – einfach Rotorblätter falten, reinschieben, festzurren und fertig“, so Kapitänleutnant Sievertsen rückblickend. „Spektakulärster Teil der ganzen Aktion war die vorgeschriebene Snake Inspection. Auf dem Inselarchipel gibt es eine Schlangen-Gattung, die sich offenbar gern an Bord von Luftfahrzeugen schlängelt und die stromführenden Kabel durchnagt. Ein Inspekteur mit einem speziell ausgebildeten Spürhund hat alle vier Hubschrauber akribisch unter die Lupe genommen, konnte allerdings keine Schlangen als potenzielle blinde Passagiere entdecken.“

Im Zweischichtbetrieb wird in der Halle Bravo in Nordholz für Flugsicherheit und einen hohen Klarstand bei den Lynx-Hubschraubern gesorgt.

Expertenrunde: Die Technische Staffel Mk 88A

Jede Menge Fachwissen, Motivation und Flexibilität sind erforderlich, bevor eine Sea Lynx Mk 88A vom Nato-Marineflugplatz Nordholz abhebt. Garanten für einen reibungslosen Flugbetrieb sind vor allem die Soldaten der Technischen Staffel Mk88A – hochqualifizierte Experten in den Bereichen Elektronik, Mechanik, Hydraulik, Triebwerk, Funk-, Radar- und Navigationssysteme ... Und – praktisch im Nebenjob – sind sie Seeleute und professionelle Logistiker. Die Staffel ist Teil der Technischen Gruppe des MFG 5, deren Auftrag die Planung, Steuerung und Organisation der technischen Arbeiten sowie das Qualitätsmanagement einschließlich des Nachprüfwesens ist.

Neben der 3. Fliegenden Staffel ist es vor allem die Technische Staffel Mk88A, die einen verlässlichen Betrieb der Lynxe sicherstellt. Auf der Wochenflug-Dienstbesprechung des Geschwaders planen alle beteiligten Stellen die Aktivität der kommenden sieben Tage. Unterschiedliche Faktoren sind zu berücksichtigen: Die von den Technikern gemelde-

Halle Bravo aus der Vogelperspektive.

Stabsgebäude der Technischen Staffel Mk88A mit zwei gekreuzten Rotorblättern vor dem Eingang.

ten Klarstände und Verfügbarkeitsstunden, allgemeine personelle Ressourcen, vorgesehene Transport-, Ausbildungs-, Übungs- und Prüfflüge. Hier muss ein Zahnrad verlässlich in das andere greifen.

„An oberster Stelle steht bei uns Teamwork, anders würde das komplexe System Lynx gar nicht funktionieren", sagt Kapitänleutnant Marcus Sievertsen. Er ist LTO, also Luftfahrzeugtechnischer Offizier bei der Technischen Staffel Mk88A. „Unsere Arbeit ist existentiell für den Flugbetrieb und die Sicherheit. Sie gliedert sich in mehrere Schwerpunkte, unterteilt sich in Flugwerk, Triebwerk, Luftfahrzeugausrüstung sowie Avionik. Außerdem gibt es den Bereich Wartung. Und ganz wichtig: Bei einem Einsatz auf See – an Bord einer Fregatte oder auch mal eines Einsatzgruppenversorgers – stellen wir die Bordwartungsgruppe innerhalb des Hauptabschnitts 500, sind außerdem vor einer Mission für die Logistik sowie die Zusammenstellung von Material und Werkzeug, Betriebsstoffen und Ersatzteilen verantwortlich."

Zentrales Domizil der Technischen Staffel Mk88A ist ein unscheinbarer zweistöckiger Flachdachbau, der in erster Linie die Büros für die administrative und personelle Verwaltung für rund 280 Soldaten und zivile Mitarbeiter beherbergt. Deutlich spannender geht es in der benachbarten Halle Bravo zu. Darin werden im Zweischichtbetrieb sämtliche für den Flugdienst verfügbaren Lynxe von Spezialisten der verschiedenen Fachbereiche gewartet und instandgesetzt. In unterschiedlichen Fachwerkstätten mit hochwertigen Geräte- und Werkzeugausstattungen erledigen hier die Techniker einen verantwortungsvollen Profijob.

Halle Bravo

Das Gebiet Mechanik setzt sich aus den Abschnitten Flugwerk und Hydraulik zusammen, also allem, was sich dreht und bewegt – inklusive der Flugsteuerung, der Schmierölanlage und der zellenseitigen Struktur. „Unsere Triebwerkspezialisten sind autorisiert, die Rolls-Royce GEM-Mk-1017 Wellenturbine bis in die letzte Schraube zu zerlegen und wieder zusammenzufügen", so Kapitänleutnant Sievertsen zur Triebwerkkomponente. „Selbiges gilt für komplexe Baugruppen wie beispielsweise das Hauptgetriebe oder den Rotorkopf. Die Mechaniker bei uns im MFG 5 machen einen hochanspruchsvollen Job: Sie analysieren Fehler und Defekte, tauschen einzelne Teile bis hin zu kompletten Baugruppen aus."

Rechts: Blick in die stets penibel aufgeklarte Hydraulikwerkstatt.

Elis werden die Luftfahrzeugelektriker umgangssprachlich im Geschwader genannt. Sie sind im Abschnitt Flugausrüstung für all das mitverantwortlich, wo ein elektrischer Stecker dran ist: Von der Stromversorgunganlage bis zu der Herstellung und Verlegung der kilometerlangen Kabel im Hubschrauber.

Die auch Waffensystemavioniker bezeichneten Elektroniker kümmern sich hingegen um die Flugführung und Sensorik. „Die Flugführung umfasst alle Systeme der Navigation und der Flugregelungsanlage", erklärt der LTO. „Alles rund um unsere Sonaranlage, Radar und der Kommunikationsanlagen gehört wiederum zur Sensorik."

Das Personal im Fachbereich Wartung ist unmittelbar für alle im Flugdienst befindlichen Hubschrauber verantwortlich. Sie führen die Vor-, Zwischen- und Nachflugin-

Links: Wartungsarbeiten an der Antriebseinheit.

Elektriker beim Prüfen der Navigationselektronik.

spektionen, die Betankungsvorgänge sowie die schnelle Instandsetzung kleiner Störungen durch. Vor jedem Flug nimmt ein Team aus diesem Fachbereich einen detaillierten Vorflug-Check zur Überprüfung des technischen Zustandes des Hubschraubers vor, international als Preflight-Check bezeichnet. Unmittelbar vor der Übernahme des Hubschraubers durch die Luftfahrzeugbesatzung erfolgt ein weiterer Check, der sogenannte Walk-Around-Check, durch den verantwortlichen Piloten. Neben der Checkroutine sind die verschiedenen Bodencrews immer dann gefragt, wenn an einer Sea Lynx ein Defekt auftritt.

Prüf- und Wartungsintervalle

Hinzu kommen die fest vorgeschriebenen Wartungs- und Prüfintervalle der Bordhubschrauber. Die großen Inspektionen werden in der Halle Charly vorgenommen, wo Soldaten und Zivilbeschäftigte permanent an rund einem halben Dutzend Maschinen arbeiten. „Alle 30 Flugstunden fällt beim Mk 88A eine Inspektion an, eine Art erweiterte Kontrolle“, erklärt Kapitänleutnant Sievertsen das Procedere. „Deutlich umfangreicher ist der Technikcheck nach 240 Flugstunden. Die tiefgreifendste und längste Überprüfung bei uns vor Ort ist die Große Inspektion. Sie wird nach 480 absolvierten Flugstunden, teils in Kooperation mit unserem Partner Airbus Industries, durchgeführt und dauert üblicherweise etwa zwölf Wochen. Dafür halten wir in der Werft, wie wir die Halle Charly nennen, sechs Instandsetzungsdocks bereit, in denen die Lynx-Helikopter in ihre Baugruppen zerlegt, alle relevanten Komponenten gründlich gecheckt und nach Intervallen ausgetauscht werden. Dazu gehören neben der komplizierten Hydraulik und Avionik auch die beiden Triebwerke, die Getriebe und Wellen für Haupt- und Heckrotor sowie der aus Titan bestehende halbstarre Hauptrotorkopf.“

Am Schluss erfolgt die Gesamtabnahme der großen Inspektion. Die Prüfer der einzelnen Fachbereiche inspizieren den Hubschrauber nochmals und geben ihn für die Funktionsläufe am Boden frei. Erst nachdem alle Bodenprüfläufe mit Erfolg durchgeführt, protokolliert und bestanden sind, wird der Hubschrauber für die Nachprüfflüge freigegeben. Während dieser Nachprüfflüge wird der Hubschrauber auf Herz und Nieren geprüft und erforderliche Einstellmaßnahmen beispielsweise an der Blattspur oder an den Triebwerken vorgenommen. Egal, ob die Funktionalität der unterschiedlichen Kommunikationsanlagen, die Funktion der Flugstabilisierungsanlage, des Triebwerks – kurz: alles muss hundertprozentig stimmen, sämtliche Punkte auf der Checkliste müssen abgehakt sein. Erst dann wird die geprüfte Sea Lynx für den täglichen Einsatz zertifiziert und als „verkehrssicher“ für den täglichen Flugbetrieb freigegeben.

83+21 im Zuge der Großen Inspektion in weiten Teilen zerlegt.

Freigelegte Heckrotorwelle.

Ausgebautes Gestühl und ...

... demontierte Rumpfelemente.

Rechts oben: Rolls-Royce GEM-Mk-1017 Triebwerk auf dem Prüfstand.

140 Dezibel Soundkulisse

In einem separaten Gebäude werden die Rolls-Royce GEM-Mk-1017 Triebwerke auf einem Prüfstand – dem einzigen seiner Art in Deutschland – teils unter Dauerlast intensiv gecheckt und getestet. Rund eine Woche nimmt so

ein Generalcheck in Anspruch, der von zivil beschäftigten Triebwerkexperten durchgeführt wird. Dabei montieren sie die Turbine in betriebsbereitem Zustand auf einem festen Fundament. Mit Hilfe modernster Instrumente und Sensorik ermittelt man unter anderem Leistung, Drücke, Kraftstoffverbrauch, Temperatur und Vibrationen in den verschiedenen Lastzuständen. Diese Daten werden in einem Zentralrechner dokumentiert und ausgewertet. Während eines Testlaufs hat man unmittelbar neben dem Triebwerk eine Lautstärke von bis zu 140 Dezibel. Klar, dass entsprechende Schutzkleidung an diesem Arbeitsplatz vorgeschrieben ist.

Logistischer Kraftakt

Wie bereits erwähnt, stellt die Technische Staffel Mk88A bei Einschiffungen nicht nur das Personal der Bordwartungsgruppe, sie ist außerdem für die Bereitstellung des kompletten Materials und sämtlicher Betriebsstoffe für den Einsatz an Bord verantwortlich. Untergebracht sind die Bordwartungsgruppen in einem schmucklosen Funktionsbau auf dem Flugplatz, sofort zu erkennen an der Verladerampe an der Gebäudefront. In diesem Hauptdepot sind ein Teil der Ausrüstung wie zum Beispiel Werkzeuge und das Groundhandling-Equipment eingelagert.

Wie läuft eine solche Bordverlegung in der Praxis ab? „Die Missionen der Fregatten und somit auch die Lynx-Einsätze sind langfristig geplant und terminiert“, gewährt Kapitänleutnant Sievertsen Einblick in die Abläufe. „Je nach Auftrag und Einsatzcharakter definiert der HEO, in direkter Absprache mit der Verbands- und Schiffsführung, den Materialbedarf. Für die Umsetzung dieser Mammutaufgabe ist der Crew Chief verantwortlich. Er sorgt dafür, dass beim Ablegen wirklich alles an Bord ist, was auf der oft monatedauernden Seefahrt benötigt wird.“

Links oben: Kapitänleutnant Sievertsen im bestens sortierten Depot der Bordwartungsgruppe.

Links Mitte: Der Modulschrank für Spezialwerkstatt wird im Hangar an Bord der Fregatte seefest gestaut.

Links unten: Die Bordwartungsgruppe, hier beim Triebwerkwechsel auf hoher See, muss im Einsatz alles dabei haben.

Im Hauptlager stellen die Logistik-Soldaten der Transport und Nachschubstaffel die Verlegepakete für das Einschiffungsvorhaben zusammen. Hinzu kommt eine Menge Kleinkram für den täglichen Bedarf – bis hin zur Musikanlage, Kühlschrank oder auch Fitnessgeräte für die Freizeit. Der HEO fordert die verlangten Rüstrollen – Waffen und Munition, Sonar, Bergewinde, FLIR ... – an. Ebenso die für die Hubschrauber kalkulierten Betriebs- und Schmierstoffe, welche direkt zur Fregatte geliefert werden.

Gestaut auf Paletten, in Holzkisten und speziellen Transportboxen wird das gesamte Material etwa eine Woche vor dem Auslauftermin mit mehreren Lkw von Nordholz in den Marinestützpunkt Wilhelmshaven transportiert. Hier erfolgt das Verladen mittels Kran auf das Landedeck des Schiffs und anschließend das seefeste Stauen und Verzurren. Gewissenhaft führen Crew Chief und LTO am Ende den Vollzähligkeitscheck durch. „Wir verlegen praktisch den gesamten Haushalt des Hauptabschnitts 500 modular auf die Fregatte und verlassen diese nach Einsatzende wieder besenrein", so der LTO. „Nichts darf im Vorfeld vergessen werden. Fehlt später in See ein wichtiges Ersatzteil, könnte das den gesamten Flugbetrieb lahmlegen oder müsste aufwendig und teuer eingeflogen werden."

Technische Ausbildung

Ebenfalls Teil der Technischen Gruppe ist die Technische Ausbildungsstaffel. Ihre Heimat ist die Halle 69 auf dem Areal des Marinefliegerstützpunktes Nordholz. Hier erfolgt die waffensystemspezifische Aus- und Weiterbildung der Fluggeräteelektroniker und -mechaniker. Dabei kann das Lehrpersonal auf moderne Ausbildungsmethoden wie Simulatoren, Virtual Reality Trainer und computerunterstützte Hörsäle zurückgreifen. Bereits 1983 beschaffte die Technische Ausbildungsstaffel – seinerzeit noch die Marineflieger-Lehrgruppe in Westerland auf Sylt – einen nicht flugfähigen Sea Lynx Mk 88 für Schulungszwecke.

Mittlerweile längst auf Mk 88A-Standard umgerüstet, erhalten angehende Techniker hieran ihr praktisches Rüstzeug. Und nur wenige Schritte entfernt steht bereits der Technik-Trainer NH 90, an dem in Zukunft die Soldaten der Technischen Staffel zu Sea Tiger-Experten ausgebildet werden.

Für die praktische Aus- und Fortbildung steht der Technischen Ausbildungsstaffel eine Sea Lynx im Mk 88A-Standard zur Verfügung.

Anlässlich des 100-jährigen Bestehens der deutschen Marineflieger im dezent-festlichen Outfit: die 83+20.

Farbgebung, Nose Art, Sonderlackierungen

Allein schon durch ihre aggressive Formensprache und das agil wirkende Bewegungsbild in der Luft weiß die Sea Lynx nachhaltig zu beeindrucken. Dabei unterwirft sich ihr charakteristisches Design natürlich keinerlei Modetrends oder ästhetischen Grundsätze, sondern folgt uneingeschränkt militärisch-technischen, funktionalen und aerodynamischen Erfordernissen. Seinen sich durch das starre Fahrwerk ergebenden, doch etwas seltsamen optischen Auftritt macht der Hubschrauber durch ein markantes Gesicht wett – ebenso durch seine elegante Linienführung, die einer sprintenden Raubkatze nicht unähnlich ist. In Sachen Farbgebung gibt es nur wenig gestalterische Spielräume. Sie unterwirft sich der Tarnung sowie militärischer Zweckdienlichkeit beim Flug über See und Land. Exakt festgelegt und detailliert beschrieben ist sie in der IETD, der Interaktiven elektronischen technischen Dokumentation. Doch kein Gesetz ohne Ausnahme: Sonderlackierungen und kreative Nose Art setzten bei der grauen Lynx immer wieder mal farbenfrohe Akzente über die Jahrzehnte.

Grautier mit vier Buchstaben? – so lautete in den 70er-Jahren die Frage im Kreuzworträtsel des Kabarettisten Emil Steinberger, ohne dass dem prominenten TV-Humoristen die zündende Idee dazu einfiel. Zweifelsfrei: Lynx hätte der Marineflieger ohne zu zögern in den vier Kästchen notiert. Seit ihrer Einführung sind die Helikopter in einem grauen zweifarbigen Tarnanstrich gehalten, der in dieser Zeit nur um Nuancen verändert wurde. Die IETD definiert nicht nur die Farbgebung, sondern auch alle weiteren Beschriftungen und Sicherheitshinweise, Notausstiege, Hoheitsabzeichen sowie Aufkleber.

Die Sea Lynx der ersten Generation Mk 88 ...

„Basaltgrau RAL 7012 heißt die Farbgebung für die Oberseite des Rumpfs und den Heckkonus, Lichtgrau RAL 7035 ist der exakte Ton für die Rumpfunterschale der Maschine – beides verwenden wir in Form von äußerst strapazierfähigen 2K-Polyurethanlacken“, erklärt Kapitänleutnant Christoph Seidel, ein Mann der sich in Sachen Sea Lynx und Sea King bis ins kleinste Detail auskennt: 1999 kam der heute 46-Jährige zur Deutschen Marine und schlug zunächst die technische Laufbahn des Fluggerätemechanikers ein. Der SAR-Hubschrauber Westland Sea King Mk41 war beim MFG 5 sein Arbeitsgerät. Als Portepeeunteroffizier verrichtete er in Kiel-Holtenau in verschiedenen Verwendungen sechs Jahre lang seinen Dienst. Anschließend schlug er die Offizierslaufbahn des militärfachlichen Dienstes ein und absolvierte die dreijährige Ausbildung zum Luftfahrzeugtechnischen Offizier. Nach einer mehrjährigen Interimsverwendung im Marineamt als

... und nach dem Umbau zur Version Mk 88A.

Rechts oben: Kapitänleutnant Christoph Seidel leitet die Instandsetzung in der Technischen Staffel Mk 88A, kennt sich in allen technischen Bereichen der Sea Lynx hervorragend aus.

Medienoffizier zog es ihn zurück zur Marinefliegerei. Der damalige Oberleutnant zur See Christoph Seidel wurde in Nordholz zum Technischen Offizier Flugdienst in der Lynx-Staffel ausgebildet und zweieinhalb Jahre lang im Flugdienst verwendet. Eine zweijährige Schulung zum LTO, dem Luftfahrzeugtechnischen Offizier mit Nachprüfberechtigung, schloss sich an. Nach der Ausbildung erfolgte für fünf weitere Jahre die Verwendung als Nachprüfoffizier an der Sea-Lynx Mk 88A im Land- und Seeflugbetrieb. Hier wurde er im Schichtbetrieb und für Einschiffungen auf Fregatten mit den zwei Bordhubschraubern sowie für Sonderprojekte eingesetzt. Aktuell versieht er seinen Dienst als Leiter Instandsetzung in der Technischen Staffel Mk 88A und kümmert sich um die Belange der planbaren Instandsetzung, darüber hinaus um die materielle und personelle Einsatzbereitschaft der Fachwerkstätten.

Farblich durchaus wandlungsfähig

Vor Ablieferung an die deutschen Marineflieger hatte ihr Hersteller Westland Helicopters die Maschinen entsprechend des vertraglich vereinbarten Farbschemas mit einem Lebenslaufzeitlack versehen. Als die Mk 88 des ersten Loses ab 1998 mit großem Aufwand auf den Mk 88A-Standard umgebaut wurden, erhielten die dafür extra angefertigten Luftfahrzeugzellen ein komplett neues Farbkleid.

Dieses wurde von der systembetreuenden Firma Airbus Helicopters Deutschland in Donauwörth auf die bereits vom Hersteller aufgebrachte Grundierung aufgetragen. Üblicherweise halten die Lackierungen bis zum Ende der Nutzungsdauer und werden bei Reparaturen und Teilüberholungen lediglich partiell lackiert.

„Es ist bei den fliegenden Einheiten aller drei Teilstreitkräfte der Bundeswehr üblich, zu prägnanten Anlässen – meist vor traditionellem Hintergrund – ein Luftfahrzeug mit einer Sonderlackierung zu versehen“, blickt Kapitänleutnant Seidel zurück. „Den Anfang machte 2006 die 83+09, bei der die Raubkatze Luchs als Namensgeber des Helikopters mittels Airbrush-Verfahren in orangefarbenen Effektlack auf der Maschine abgebildet wurde. Anlass war das 25-jährige Bestehen der 3. Staffel sowie ein Flugtag in Nordholz, das Design entwickelte der damalige Kapitänleutnant Daniel Walther. Die Modellbaufirma Revell entwickelte seinerzeit sogar einen Bausatz der Maschine in diesem Spezialdesign.“

Die 83+09 mit dem stilisierten Luchs, lackiert mit Effektlack in künstlerisch anspruchsvoller Airbrush-Technik.

Entlacken, grundieren, lackieren ...

Jede Sonderlackierung bedarf vorab eines Genehmigungsverfahrens, da die Farbgebung stark von der in der IETD vorgeschriebenen Kolorierung abweicht. Diese formelle Erlaubnis ist üblicherweise für ein Jahr gültig. Danach muss eine Verlängerung beantragt werden, was bei der 83+09 der Fall war. Aufgrund ihrer ansprechenden Optik durfte die Maschine deutlich länger den Himmel verschönern und dort bunte Akzente setzen. Doch irgendwann musste das exklusive Farbkleid der 83+09, das auf den ursprünglichen Lack einfach aufgebracht worden war, wieder entfernt werden. Dies versuchten die Techniker im herkömmlichen Strahlverfahren. Der Prozess war sehr aufwändig und es konnten erste Erfahrungen gesammelt werden. Bei der Entwicklung der TVL, der Technischen Vor-

Gold kombiniert mit Königsblau – auch eine Sea King des MFG 5 präsentierte sich 2013 im edlen Jubiläumsdesign.

schrift Luftfahrtgerät, konnte man später auf den mit der 83+09 gemachten Erfahrungen sehr gut aufbauen.

Dieses Regelwerk fand 2018 erstmals Anwendung bei der Entlackung der 83+20, die man anlässlich des Jubiläums „100 Jahre Marineflieger“ mit einem blauen Effektlack lackiert hatte.

Kapitänleutnant Seidel, der für die Projektbetreuung als LTO und Nachprüfer zu diesem Zeitpunkt eingesetzt wurde, erinnert sich: „Nach den einschlägigen Erfahrungen mit der 83+09 entschied man sich für die Auftragsvergabe an eine englische Fachfirma.

Die Wahl fiel auf das britische Unternehmen Vector Aerospace in Gosport bei Portsmouth, das derartige Arbeiten auch für die Royal Navy durchführt und bereits einen deutschen Sea King erfolgreich ‚gestrippt‘ hatte. Zunächst musste die alte Farbe runter, immerhin bis zu 600 Mikrometer stark. Es folgte die Entlackung mittels einer speziellen sandstrahlartigen Methode mit feinstem Acrylplastik. Enorm wichtig ist es bei diesem Verfahren, dass absolut kein Strahlgut in die Zelle und die technischen Komponenten eindringt und die Aluoberfläche sowie Nieten nicht beschädigt werden.

Die Vorarbeiten dauerten deutlich länger als das Entfernen des Altlacks und die Neulackierung samt vorheriger Alugrundierung.“

Lackierarbeiten können aber auch durch die Fachwerkstatt auf dem Marinefliegerstützpunkt Nordholz vollumfänglich durchgeführt werden. Das Knowhow und die erforderliche Werkstattausrüstung sind dort vorhanden. Aus Gründen eingeschränkter Personalkapazitäten beschränkt man sich allerdings auf Reparaturen und Ausbesserungen. Was die Soldaten trotzdem in diesem Bereich so draufhaben, stellten sie in der Vergangenheit mit den drei Lynx-Sonderlackierungen eindrucksvoll unter Beweis.

Links: Vorbereitung zum Lackieren bei den Experten von Vector Aerospace in England.

Sorgfältig werden das Hoheitszeichen und die Kennung abgeklebt.

Links unten: Sensible Bereiche wie die Heckrotorwelle oder das Zwischengetriebe sind gegen das Eindringen von Farbe oder Strahlgut geschützt.

Mitte unten: Auch die Royal Navy lässt ihre Luftfahrzeuge in der Fachwerkstatt von Vector lackieren.

Rechts unten: Roll-out der 83+20 nach getaner Arbeit – das Ergebnis überzeugt.

Vier Jahrzehnte erfolgreicher Lynx-Betrieb bei den Marinefliegern war der Anlass für die farbenfrohe Folierung der 83+26.

Kreatives Potenzial im MFG 5

Eine Sonderlackierung ist jedes Mal, abweichend vom grauen Normalzustand, etwas Besonderes und Einzigartiges für das gesamte Geschwader. Kapitänleutnant Seidel blickt zurück: „Anlässlich des 100-jährigen Bestehens der Marineflieger haben wir 2013 einen Seefernaufklärer P-3C Orion, die Sea King 89+55 und eben unsere Lynx 83+20 in einem speziellen Jubiläumsdesign gestaltet. Die Basislackierung war einfach in glänzendem Marineblau ausgeführt. Dazu kamen am unteren Rand ein schmaler schwarz-rot-goldener Streifen sowie auf beiden Seiten das Emblem der Marineflieger und die Schriftzüge in Gold.“

Dem vorweg ging ein Ideenwettbewerb unter den Soldaten der beiden Nordholzer Geschwader. Die eingereichten Layout-Vorschläge wurden nach Optik und Machbarkeit analysiert, der Siegerentwurf am Ende praktisch realisiert. Nach diesem Strickmuster lief auch die Vorgehensweise 2022 bei der 83+26 anlässlich des 40-jährigen Lynx-Jubiläums ab.

Zwei Konzepte – eingereicht von der Technischen Staffel Mk88A und der 3. Fliegenden Staffel – führte man am Ende zu einem gemeinsamen finalen Design zusammen, das in der Kolorierung schwarz-rot-gold gehalten ist, den Farben des deutschen Hoheitsabzeichens. Als durchgängiges Muster griff man auf eine Polygonstruktur zurück, wobei wiederum das Luchs-Motiv ins Zentrum rückte. Ihm

Ganz in Gold: Tätigkeitsabzeichen der Marineflieger im Lorbeerkranz.

folgt im Bereich des Heckrotorträgers eine stilisierte Fregatte der Sachsen-Klasse. Eine Welle in rotem Polygonmuster im Hintergrund symbolisiert dabei die Verbundenheit zur See, dem primären Einsatzgebiet der deutschen Marine. Im Übergangsbereich des Heckrotorträgers befindet sich in goldener Farbe, eingehüllt in einem Lorbeerkranz, das Tätigkeitsabzeichen der Marineflieger. Er symbolisiert dabei den Erfolg des Waffensystems Sea Lynx innerhalb der Deutschen Marine, besonders hervorgehoben durch den Schriftzug „40 Jahre Sea Lynx“ unterhalb des Kranzes.

Folie statt Lack

Das Besondere in diesem Fall: Das Design wurde nicht wie bislang mittels Farbe aufgetragen, sondern durch eine Folierung. Da es ein solches Verfahren an einem Sea Lynx bislang nicht gab, war dies zugleich ein Pilotprojekt. Und das war nicht mal eben so aus der Hüfte geschossen, erinnert sich Kapitänleutnant Seidel: „Zunächst wurde eine Probefolierung auf das Luftfahrzeug aufgebracht, um das Design auf die 3-D Kontur des Hubschraubers anzupassen. Gleichzeitig mussten wir von der Technischen Staffel gewährleisten, dass die Flugsicherheit der 83+26 uneingeschränkt erhalten bleibt. Unter anderem darf sich die aufgetragene Folie unter großer Hitzeeinwirkung sowie den Belastungen durch Witterung und den Flugbetrieb nicht ablösen, möglicherweise dabei in die Triebwerke oder Rotoren geraten. Außerdem mussten eventuell auftretende Schäden am Rumpf und den Nieten unter der Folie jederzeit erkennbar sein. Der Anforderungskatalog an das Material und die ausführende Fachfirma war enorm umfangreich, doch am Ende war die technische Freigabe kein Problem. Das eigentliche Folieren des Hubschraubers hier in Nordholz im November 2022 dauerte elf Tage.“

Nose Art – eine ganz spezielle Kunstrichtung

Das Bemalen von Flugzeugen ist so alt wie die Fliegerei selbst, was besonders für die militärisch eingesetzten Maschinen gilt. Bereits im Ersten Weltkrieg veredelten Piloten und Mechaniker ihre „fliegenden Kisten“. Optisches Tuning, Imponiergehabe, Individualisierung, die Erkennbarkeit oder eine Funktion als Glücksbringer waren die Gründe dafür. Die Pin Up-Girls auf den US-Bombern im Zweiten Weltkrieg wurden zu Klassikern und erhoben die

Klassische Nose Art unterhalb der Kanzel eines restaurierten Lancaster-Bombers der Royal Air Force aus dem Zweiten Weltkrieg.

Lynx Mk 88 im Ghost Busters-Design an Bord der Fregatte „Karlsruhe“.

Künstlerisch viel zu wertvoll für den harten Einsatz an Bord: Diese Airbrush-Nase einer Mk 88 ziert den Flur des Staffelgebäudes - ein Geschenk der Technischen an die Fliegende Staffel.

kreative Kriegsbemalung zur Kunstform, die sich unter der Bezeichnung Nose Art in einem schmalen Randbereich der Kulturlandschaft etabliert hat.

Bei den Luftfahrzeugen der Bundeswehr zählt die Nose Art nicht zur Tradition, wie es beispielsweise in den USA oder Großbritannien der Fall ist. Eine Ausnahme bildet hier die Sea Lynx, wo eine zumeist farbig gehaltene Grafik an der Bugspitze während einer Einschiffung außerhalb bundeswehrspezifischer Regularien zur Etikette zählt. „Das hat neben dem Spaß an der Sache vor allem praktische Gründe, gehört innerhalb von Nato-Verbänden zum guten Ton“, weiß Kapitänleutnant Seidel um dieses liebgewonnene Phänomen. „Bevor es in den Einsatz geht, verständigen sich die Schiffsführung, der Hubschrauber-Einsatzoffizier und der HC-Controller darauf, wie Schiff und Lynx neben der offiziellen taktischen Bezeichnung und des Funknamens benannt werden. Beispielsweise die Comic-Figuren Snoopy und Woodstock für die beiden Helikopter und Charly Brown für den Einsatzgruppenversorger „Berlin“. Das wird dann in die jeweilige Nose Art umgesetzt, hält sofort Einzug in den Sprachgebrauch an Bord und ist üblicherweise Grundlage für das Patch der jeweiligen Mission.“

Übrigens: Die einst so angesagten Pin Up-Girls gehören bei den Marinefliegern längst der Vergangenheit an. Diffamierende Darstellungen gehören nicht zum Selbstverständnis der modernen Deutschen Marine. Der Verzicht auf die Abbildung leichtbekleideter Damen hat zwischenzeitlich den Altrockern Lemmy und Dusty – Sänger und Bassisten bei Motörhead und ZZ Top – eine prominente Abbildung als Nose Art auf den beiden Lynx 83+02 und 83+12 des MFG 5 beschert.

Lynx-Nose Art: Kreativer Output der Bordwartungsgruppen

Rechts:
Künstlerisch sicher gut gelungen hätte ein derartiges Motiv heute in der modernen Deutschen Marine keine Chance.

Den Rocklegenden der Schwermetallszene Lemmy und Dusty wurde an den Bugspitzen zweier Lynx ein Denkmal gesetzt.

WARIO

Zuma

WOODSTOCK

DREW

BOWSER
VISION 2020

LUCY

Obermaat Lars Funk beginnt die Vorflug-Inspektion oben auf der Lynx, überprüft Triebwerke, Hauptgetriebe, den Rotorkopf und die Hydraulik.

Preflight-Check in der Halle Bravo

Bevor eine Sea Lynx abhebt, sind sie gefragt: Die Soldaten des Wartungszuges der Technischen Staffel Mk88A. Sie sind die Ersten, die ran müssen, wenn der Start eines der Bordhubschrauber auf dem Flugplan steht – egal, ob an Bord oder an Land. Rund zweieinhalb Stunden dauert das ebenso kleinteilige wie präzise Procedere, das als Preflight-Check oder auch Vorflug-Inspektion bezeichnet wird. Bis in den letzten Winkel wird der Hubschrauber dabei durchgesehen, jede Baugruppe systematisch auf Schäden oder Auffälligkeiten untersucht. Flugsicherheit steht bei den Marinefliegern an allererster Stelle. Ganz am Ende des Verfahrens schließen sich das Verholen auf das Flugfeld, die Kraftstoffübernahme und schließlich der Start des Helikopters an.

Heute steht ein Trainingsflug mit einem Pilotenanwärter zur SAR-Außenstelle Helgoland des MFG 5 auf dem Programm. Der Start der 83+26 ist auf 10 Uhr festgelegt. Unmittelbar nach Dienstbeginn kurz nach 7 Uhr nehmen die technischen Vorbereitungen dafür in der Halle Bravo des MFG 5 in Nordholz ihren Lauf.

„Der Preflight-Check, abgekürzt PR, wird grundsätzlich vor jedem Einsatz von unserem Ersten Wart durchgeführt", erklärt Kapitänleutnant Marcus Sievertsen, der Luftfahrttechnische Offizier. „Die Abläufe sind standardisiert, laufen immer nach demselben Procedere ab. Festgeschrieben sind die einzelnen Prüfpunkte in der sogenannten ‚blauen Kladde'. Sie beinhaltet Vor-, Zwischen,- Nachfluginspektion sowie die Startvorbereitung. Der in 9 Arbeitsbereiche eingeteilte Vorflug ist mit etwa 75 zu prüfenden Positionen hinterlegt. Jede einzelne davon muss gewissenhaft abgearbeitet werden. Eine lässige Routine darf dabei niemals auf-

Lynx-Panorama in der Halle Bravo.

Kapitänleutnant Marcus Sievertsen ist Luftfahrtzeugtechnischer Offizier bei der Technischen Staffel Mk88A, kurz als LTO bezeichnet.

kommen, denn im Ernstfall hängt das Leben der fliegenden Kameraden von der Sorgfalt unserer Arbeit ab."

Verantwortlich für den Vorflug-Check der 83+26 ist heute Obermaat Lars Funk in seiner Funktion als Erster Wart. Gerade hat er sich sein Werkzeug gegen Unterschrift vom Magazinwart der Werkzeugausgabe aushändigen lassen und muss es am Schluss vollzählig wieder abliefern „Nicht auszudenken, was geschehen würde, wenn irgendwo an den Wellenleistungstriebwerken oder in anderen sensiblen Bereichen ein Werkzeug liegen bliebe ...", sagt er.

Der 33-Jährige steht kurz vor dem Ende seiner Dienstzeit. Ursprünglich hat er eine Ausbildung zum Anlagenmechaniker für Sanitär-, Heizungs- und Klimatechnik absolviert. Nach einem Informationsgespräch mit dem Wehrdienstberater verpflichtete er sich für acht, später für weitere vier Jahre als Fluggerätemechaniker bei der Marine. Eine Zeit, die er rückblickend nicht missen will: „Ich habe diverse technische Lehrgänge absolviert, dabei eine ganze Menge dazugelernt. Mir gefällt besonders die Arbeit in einem homogenen kameradschaftlichen Team hier bei der Technischen Staffel – an Land und an Bord. Überhaupt war die Seefahrt für mich das Salz in der Suppe. Bei einer

ganzen Reihe von Einschiffungen war ich mit von der Partie, unter anderem am Horn von Afrika, im Mittelmeer und am Persischen Golf."

Bloß den Überblick behalten

Der Vorflug-Check ist praktisch das Netz und der doppelte Boden vor dem Start. Denn grundsätzlich befindet sich der zu prüfende Hubschrauber bereits in einem uneingeschränkt flugfähigen Zustand, bevor er nun letztmalig unter die Lupe genommen wird. Obermaat Funk beginnt seine Inspektion in drei Metern luftiger Höhe, steigt dazu über die in die Luftfahrzeugzelle eingelassen Trittstufen oben auf die Lynx. Dort klappt er die beiden Triebwerksverkleidungen hinter dem Rotorkopf seitlich ab und öffnet vorne die Schiebehaube. Anschließend checkt er alle drehenden und stehenden Komponenten am Hauptrotorkopf sowie die Anbauteile am Hauptgetriebe. An dieser Stelle wirken im Flug enorme mechanische Kräfte, werden die Steuerungseingaben des Piloten über die Steuerstangen, drei hydraulische Servos und vier Blattverstellarme auf den Titan-Rotorkopf und somit auf die Hautrotorblätter übertragen. Der Obermaat inspiziert sämtliche Lager und Verbindungen auf vorhandenes axiales oder radiales Spiel, schaut nach Undichtigkeiten, Fremdkörpern, Anzeichen von Materialverschleiß und die Freigängigkeit der Steuerstangen.

Anschließend gelten seine prüfenden Blicke den beiden Wellenleistungstriebwerken, der Hydraulik und dem Heckgetriebe. Er sucht nach losen Teilen, Leckagen oder Rissen, prüft die Füllstände der Schmierstoffe. Außerdem nimmt er eine Sichtkontrolle an den Oberflächen und Profilen der Rotorblätter vor, prüft die Blätter auf Delamination und möglichen Beschädigungen.

Weiter geht es am Boden. Langsam umkreist der Fluggerätmechaniker mit geringem Abstand den Rumpf der

Während des Flugs sind der Hauptrotorkopf und seine Anbauteile extremen physikalischen Belastungen ausgesetzt.

Links oben: Die Blaue Kladde beinhaltet sämtliche Prüfpositionen.

Links: Nach zwölfjähriger Dienstzeit ist Obermaat Funk mit der Technik der Mk 88A hervorragend vertraut.

An der Hydraulik dürfen keinerlei Flüssigkeitsverluste auftreten.

Befinden sich die Scheiben und Metalloberflächen in einwandfreiem Zustand?

Rechts oben:
Lassen sich die Notentriegelungen leichtgängig ein- und ausrasten, sind die Plompen unversehrt?

Rechts unten:
Sind die Überläufe und Lufteinlässe frei von Fremdkörpern?

Gibt es an den Flotation Bags Beschädigungen zu entdecken?

83+26: „Ich suche nach Veränderungen am Aufbau, nach Lackrissen, Bruchstellen und Beulen an der Metalloberfläche, die dort nicht hingehören. Scharniere, Hebel und Dichtungen werden kontrolliert. Sind alle Nietköpfe noch vorhanden? Gleichzeitig habe ich ein Auge auf die Plexiglasscheiben. Sind die Sichtverhältnisse in Ordnung, gibt es Verunreinigungen, Kratzer, Risse oder Blasen? Bei dieser Gelegenheit kontrolliere ich auch gleich die Scheibenwischer."

Lange Checkliste

Es folgt eine zweite Außencheck-Runde, bei der es nun detailliert ans Eingemachte geht. Der Fluggerätemechaniker beginnt mit den sich bei Salzwasserkontakt automatisch aktivierenden Notschwimmern, den sogenannten Flotation Bags. Ihre Hüllen sind unbeschädigt, also weiter zu den Öffnungen im Rumpf: Überläufe, Lüfter, Kühleinlässe, das Austrittsrohr für den Treibstoff-Schnellablass für einen Notfall ... alles ist frei, nichts ist verstopft. Die Cockpit- und schiebbaren Kabinentüren werden auf ihre Leichtgängigkeit untersucht, ebenso die gelbschwarz gekennzeichneten Notentriegelungen zur Bergung der Besatzung nach einem Unfall durch externe Rettungskräfte. Seine Aufmerksamkeit widmet Obermaat Funk anschließend den außenliegenden Antennen und Sensoren. Eventuelle Verschmutzungen sind zu entfernen. Gleiches gilt für die Positionsbeleuchtung, den Such- und Landescheinwerfer, die ebenfalls blitzsauber und frei von Kratzern sein müssen.

Außerordentlichen Belastungen ist das Bug- und Hauptfahrwerk der Sea Lynx – insbesondere bei Deckslandungen in schwerer See – ausgesetzt. Darum ist es besonders stabil und mit langen Federwegen ausgeführt. Die Dämpfung erfolgt hydraulisch und zusätzlich mittels Stickstoff. Auch hier der strenge Blick auf etwaige Leckagen, anschließend auf die tadellos zu arretierenden Radverriegelungen. Bei den Reifen checkt der Techniker den Luftdruck sowie deren Profil auf Verschleiß und Verunreinigungen, nimmt sich abschließend die Deckverriegelungsanlage an der Rumpfunterseite vor.

HF-Antenne unterhalb des Heckkonus.

Die Klappe zum hinteren Geräteraum mit dem Herzstück der Bordelektronik muss später bei der Übergabe fest verriegelt sein.

Hauptfahrwerk, doppelt gedämpft durch Hydraulik und Stickstoff.

Rechts: Jeder Zentimeter vom Heckkonus muss genau unter die Lupe genommen werden.

Rechts unten: Unter Einsatz des eigenen Körpergewichts checkt Obermaat Funk die Stabilisierungs-Flosse.

Nichts dem Zufall überlassen

Nun ist die Heckpartie dran, der sogenannte Konus mit dem Heckrotorträger. Sitzen alle Schrauben fest, ist der Wellentunnel verschlossen, gibt es Auffälligkeiten an den Heckrotorblättern und der Blattverstellspin-

Auch die Deckverriegelungsanlage ist harten Beanspruchungen ausgesetzt.

ne? Besondere Aufmerksamkeit widmet er dem Zwischen- und dem Heckgetriebe, kontrolliert auch hier die Ölstände, Dichtigkeit und die mechanischen Verbindungen. Zum Schluss muss sich Obermaat Funk mächtig strecken, als er die Festigkeit der Stabilisierungs-Flosse ohne Leiter testet.

Nach Überprüfung des Druckbetankungsstutzen geht es im Inneren der 83+26 weiter. Zunächst macht sich Obermaat Funk auf die Suche nach ungesicherten Gegenständen, die in der Maschine nichts zu suchen haben. Es folgen prüfende Blicke auf die Notentriegelungen, Feuerlöscher und San-Packs, die in die Sitze integrierten Einmann-Schlauchboote, das Gurtzeug, die fluoreszierenden Beta-Lights, das mit der Zapfluft des Triebwerks betriebene Heizsystem ... Dann lenkt der 33-Jährige seine Aufmerksamkeit auf die hydraulisch arbeitende Bergewinde, untersucht deren sichere Montage, die Anschlüsse auf Dichtigkeit und ob das Seil darauf korrekt aufgewickelt ist. Wäre anstelle der Winscheinrichtung die Sonaranlage, das Außenlastgeschirr oder ein M3M-Maschinengehr eingerüstet gewesen, hätten entsprechend diese Rüstrollen kontrolliert werden müssen.

Druckbetankungsstutzen zur zügigen Befüllung der insgesamt fünf Kraftstofftanks.

Die Einmann-Schlauchboote sind in die Sitze integriert.

In der Kabine darf nichts herumliegen, die Gurte müssen straff gespannt sein.

Rechts oben: Die Ansaugöffnungen am Rumpf werden am Ende der Inspektion verschlossen.

Hydraulikwinde für Winschmanöver mit Personen oder Lasten.

Am Arbeitsplatz von Pilot und Copilot, im Dschungel der Knöpfe und Hebel, Lämpchen, Anzeigen und Instrumente, behält Lars Funk den Überblick und geht nach einem klar strukturierten Schema vor: „Im ersten Step prüfe ich sämtliche Sicherungen im Cockpit, im Anschluss daran die ECL-Leistungshebel und die Rotorbremse am Overhead-Panel sowie die Beleuchtung von Kabine, Instrumenten und Notkompass. Anschließend nehme ich mir den Rest vor: Sind die Instrumente sauber, funktioniert die AFCS-Anlage, die Kraftstoff-Förderpumpen, die Feuerwarneinrichtung und die Enteisungsanlage, das System zum Ausfahren der Deckverriegelung, die Auslösefunktion des Lasthakens und der Notschwimmanlage sowie die Bedienelemente für den Such- und Landescheinwerfer am Pitch? Wichtig ist ein deaktivierter Zustand des Radarsystems, damit später beim Start keine Personen am Boden durch die sich ausbreitenden elektromagnetischen Wellen gesundheitlichen Gefährdungen ausgesetzt sind."

Klarmeldung und Dokumentation

Am Ende des Preflight-Checks markiert Obermaat Funk die 83+26 mit einem signalfarbenen Vorflug Klar-Schild. Es signalisiert, dass ab jetzt niemand mehr etwas in und an dem Hubschrauber zu suchen hat. Außerdem verschließt er mehrere Ansaugöffnungen am Rumpf: „... da-

Obermaat Funk beim Cockpit-Check.

mit sich da keine Vögel oder sonstiges Getier einnisten – das hat es tatsächlich schon gegeben. Die entsprechend markierten Verschlüsse werden unmittelbar vor dem Start im Rahmen des Piloten-Checks vom Ersten Wart entfernt."

Fast ist das Procedere geschafft. Lars Funk dokumentiert die durchgeführte Vorflug-Inspektion im Bordbuch der 83+26 und anschließend nochmals digital im SAP-System der Bundeswehr. Später, unmittelbar vor dem Start, wird er die Maschine mit einer militärischen Meldung an den Luftfahrzeugführer übergeben.

Doch was wäre geschehen, hätte Obermaat Funk eine Beanstandung gefunden? „Selber analysieren, geschweige denn reparieren dürfte ich in meiner Funktion als Erster Wart auf gar keinen Fall", erklärt er und schildert das sich anschließende Verfahren. „Je nachdem, wo sich das aufgetretene Problem befindet – Triebwerk, Hydraulik, Avionik, Flugwerk ... – würde ich den verantwortlichen Portepee-Unteroffizier des Fachbereichs hinzuziehen. Der würde das Problem begutachten und feststellen, ob es sich wirklich um einen Schaden handelt und wenn ja, ob er repariert werden kann oder die Maschine gegroundet wird, also als vorerst startunklar deklariert werden muss. Ein Fall allerdings, der mir in der Praxis noch nicht allzu oft untergekommen ist."

Schleppen, tanken, starten ...

Stunden später: Das riesige Hallentor von der Halle Bravo fährt auf und ein dieselelektrisch angetriebener Flughafenschlepper vom Typ Mulag Comet 4H nimmt die 83+26 mit der Schleppstange an den Haken. Locker zieht der 27 PS starke Hybridschlepper mit seiner Zugkraft von 16 Kilonewton den knapp über vier Tonnen wiegenden Helikopter auf das Hallenvorfeld, die sogenannte Ramp.

„In der Sea Lynx sind fünf Tanks mit einer Gesamtkapazität von 802 kg, was einem Volumen von 985 Litern entspricht, fest verbaut", erklärt LTO Kapitänleutnant Sievertsen. Getankt wird Kraftstoff der Sorte JP-8, in der Nato als F-34 bezeichnet. An Bord unserer Fregatten gibt es hingegen das schwerer entflammbare JP-5, das F-44-Kerosin.

Die Sea Lynx Mk 88A besitzt zwei Verschlüsse für eine konventionelle Schwerkraft-Betankung und auf der rechten Seite am hinteren Ende der Zelle die Schlauchkupplung für die schnelle Druckbetankung."

Auch während des Startvorgangs sind die Soldaten des Wartungszuges unverzichtbar. Sie bedienen das Stromaggregat während des Anlassvorgangs und entfernen den gewichtigen Zweiachser zügig, wenn das Bordnetz der Lynx durch den eigenen Generator gespeist wird. Gleichzeitig sind sie für die Feuerwache verantwortlich. Käme es während der Startvorbereitungen zu einem Brand, würden sie mit dem bereitstehenden CO2-Löscher die Flammen binnen weniger Sekunden ersticken können.

Die Hauptfahrwerkräder sind bereits in Flugposition verbracht, in die sogenannte 45 Grad-Stellung. Obermaat Funk ist zwischenzeitlich in die Rolle des Flight Line Marshallers geschlüpft und gibt nach Anweisung der fliegenden Besatzung das Zeichen zum Einkuppeln des Hauptrotors. Beidseitig wirft man sich einen erhobenen Daumen zu – Ready for Take Off!

Das Vorflug Klar-Schild signalisiert unmissverständlich: Die Maschine ist startklar, nichts darf jetzt mehr verändert werden.

Bei Auffälligkeiten zieht der Erste Wart einen Verantwortlichen aus dem betroffenen Fachbereich hinzu.

Letzte Startvorbereitungen auf der Rampe.

Mit einem leichten Bogen nach links geht die 83+26 auf nördlichen Kurs Richtung Helgoland.

Bei einsetzender Dämmerung setzt die 83+07 über Backbord zur Landung auf dem Flugdeck der „Bayern“ an.

Fregatte „Bayern“: Bordfliegerei hautnah

Die Alarmklingeln schrillten alles übertönend durch die Decks des grauen Schiffs, gefolgt vom Kurzsignal „November“ und der Sprachdurchsage: „Safe Guard – Hubschraubernotlage, Hubschraubernotlage, Nebelanflug, ELVA, ein Sea Lynx Mk 88A, fünf Personen an Bord, keine Waffen, Hubschraubernotlage, Hubschraubernotlage!“

Schlagartig steigt der Adrenalinspiegel bei den 199 Marinesoldaten an Bord der Fregatte „Bayern“. Safe Guard bedeutet: Ernstfall, dies ist keine Übung! Das Kürzel ELVA bezeichnet einen Emergency Low Visibility Approach, ein Notverfahren beim Anflug unter schlechten Sichtbedingungen. Im Schiff wird augenblicklich Gefechtszustand hergestellt. Löschmittel werden bereit gelegt, Schläuche ausgerollt, Taucher machen sich klar, das Bordlazarett ist betriebsbereit ... Vordergründig hektische Betriebsamkeit – tatsächlich professionelle Routine, hunderte Male trainiert.

Was war passiert? Bei Bilderbuchwetter hob die 83+07 in Wilhelmshaven mit zwei Prüfern des Zentrums für Einsatzprüfung der Marine ab. Die beiden Spezialisten hatten den Auftrag, bei dem für den folgenden Tag angesagten See- und Luftzielschießen der Fregatte die Sensoren und Effektoren zu kalibrieren. Die „Bayern“ passierte in Marschfahrt bereits Helgoland auf ihrem Weg ins Schießgebiet, die sogenannten Danger Areas. „Nördlich Wangerooge und den Ostfriesischen Inseln stand – nicht ungewöhnlich – ein weißer Nebelschleier“, erklärte später Korvettenkapitän Tabea Zachau, die als fliegende Pilotin rechts im Cockpit saß. Links managte Kapitänleutnant André Wiegleb – als Pilot non Flying – die Navigation und den Funk, hinten saßen Hubschrauberortungsmeister Stabsbootsmann Christian Walter und die beiden Passagiere.

Tatsächlich hatten die für das Flugwetter zuständigen Meteorologen ein dichtes durchgehendes Nebelgebiet in der Deutschen Bucht lokalisiert, doch hätte dies laut ihrer Prognose längst weiter nördlich im dänischen Bereich der Doggerbank sein sollen. So flog die 83+07 durch die dichte „Waschküche". Korvettenkapitän Zachau: „Grundsätzlich war das keine hochdramatische Situation, Instrumentenflug bei Nacht oder Nullsicht haben wir trainiert und ist Teil unseres Jobs. Die Position der ‚Bayern' war bekannt, ablesbar auf unserem Radar- Screen."

Dass sich da etwas anbahnen könnte, hatte Oberstabsbootsmann Magnus Bamberger in der OPZ, der Operationszentrale der Fregatte, schon irgendwie im Gefühl. Als Helicopter Controller, HC abgekürzt, an der Radarkonsole nimmt er die Position eines militärischen Fluglotsen ein, ist praktisch die Schnittstelle zwischen den Piloten, der Schiffsführung sowie dem Flightdeck Officer und seiner Crew achtern auf dem Landedeck.

Ursprünglich fuhr Oberstabsbootsmann Bamberger als Spezialist für Anti-Air Warfare auf den Zerstörern „Lütjens", „Mölders" und „Rommel", nahm dann Ende der 90er-

Oberstabsbootsmann Bamberger, der Helicopter Controller, lotst die 83+07 während der Luftnotlage an die Fregatte heran.

HEO Fregattenkapitän Seemann (li.) und die Schiffsführung auf der Brücke sind während des ELVA in permanentem Austausch.

Jahre zunächst als Gasthörer an einem HC-Lehrgang teil. Den absolvierte er als bester Teilnehmer und außerdem als erster Unteroffizier ohne Portepee, was er kurz darauf nachholte. Es folgten Einsätze auf den Fregatten „Köln“ und „Karlsruhe“, später eine längere Landverwendung unter anderem vier Jahre als Büroleiter im Militärattaché-Stab an der Deutschen Botschaft in Tokio. Seit 2020 fungiert er im Flugbetrieb als HC auf der „Bayern“, doch ist seine Hauptaufgabe an Bord die des Waffenführungsmeisters. In der OPZ koordiniert er im – echten oder simulierten – Gefecht den Einsatz der Effektoren im Zusammenspiel mit den Sensoren der Fregatte. Nebenher berät er als Spezialist für die die taktische Zusammenarbeit zwischen See- und Seeluftstreitkräften außerdem den Schiffseinsatzoffizier in allen Belangen der U-Jagd, Überwasserseekriegsführung und Anti-Air Warfare.

Sichtkontakt herstellen

Der HC reflektiert: „Klar, auch das Schiff war dicht in Nebel gehüllt – es zeichnete sich ab, dass eine Standardlandung der Sea Lynx illusorisch ist. Üblicherweise fliegt der Hubschrauber das Schiff im 20 Grad-Winkel mit einer Einstiegshöhe von 400 Fuß in einer Entfernung von zwei nautischen Meilen an und geht dann in den kontrollierten Sinkflug. Bei 125 Fuß Höhe und einer Viertelmeile vor dem Flugdeck muss der Pilot Sichtkontakt haben oder den Approach abbrechen. Exakt das war hier der Fall.“

Kapitänleutnant Wiegleb konnte im Anflug weder die Fregatte ausmachen noch die Wasseroberfläche unter der Maschine erkennen. Vorschriftsmäßig und kontrolliert vom HC brach die Besatzung das Manöver ab, Korvettenkapitän Zachau ließ die 83+07 auf 400 Fuß steigen, zog an der Backbordseite der „Bayern“ vorbei.

Auf der Brücke leitet Fregattenkapitän Dennis Fauerbach, seit einem Jahr Kommandant der „Bayern“, mit dem ELVA das für eine solche Situation vorgeschriebenes und immer wieder trainiertes Flugmanöver ein. Neben der Herstellung des Gefechtszustands wird ein maximaler Beleuchtungszustand des Schiffs geschaffen. Alle Leuchtmittel an Deck aktivieren die Marinesoldaten, ebenso die beiden Suchscheinwerfer oberhalb des Brückendecks, die nun direkt nach achtern strahlen. Beide Hangartore vor dem Flugdeck sind hochgefahren, sämtliche verfügbaren Lichtquellen aktiviert. Zwei Besatzungsmitglieder sind als Horchposten auf dem Grid abgestellt.

Dem Procedere des ELVA-Verfahrens folgend setzt die Pilotin den Hubschrauber unter Kontrolle und Leitung des HC in einer Distanz von drei Seemeilen erneut hinter die „Bayern“. Diese hatte zwischenzeitlich ihren Kurs geändert, steuert nun mit 18 Knoten Fahrt direkt in den Wind. Mit 38 Knoten Geschwindigkeit nähert sich die Sea Lynx von achtern langsam dem Kriegsschiff, wird abermals von Oberstabsbootsmann Bamberger unter Radar herangeführt.

Der Ausguck in der Steuerbordnock nimmt die Sea Lynx im dichten Nebel nur akustisch wahr.

Während der Brandbekämpfungstrupp im Hangar seine Einsatzbereitschaft herstellt, hat die Flightdeck-Crew ein Dutzend schwere, mit sogenannten Markern befüllte

Für den schlimmsten Fall gewappnet: Brandbekämpfer mit Atemschutz machen sich im Hangar bereit.

Holzkisten bereitgestellt. Hierbei handelt es sich um bojenartige Schwimmkörper, die nach manueller Aktivierung ihres Zünders ein gleißend-helles gelbes Licht und eine Rauchfahne erzeugen. Alle 20 Sekunden wird nun ein solcher Marker – von den Marinesoldaten als Wikingerkeule bezeichnet – in die Hecksee der „Bayern“ geworfen. Elf Stück insgesamt. Wie an einer Perlenschnur aufgereiht, bilden sie nun eine wirkungsvolle Anflugbefeuerung für die 83+07.

„Bei uns im Cockpit herrschte nicht eine Sekunde lang Panik, ein ELVA-Verfahren haben wir diverse Male im Simulator und im Echtbetrieb trainiert – und unsere beiden Passagiere hinten in der Kabine haben überhaupt nichts davon mitgekriegt“, so Kapitänleutnant Wiegleb nach der Landung. „Trotzdem war ich froh, als der erste Marker im weißen Dunst auftauchte – dann der zweite und der dritte … Korvettenkapitän Zachau hat in der ganzen Zeit ihren Blick nicht von den Instrumenten abgewandt. Nach dem elften Marker kam das Heck der Fregatte in Sicht.“

Die Flightdeck-Crew wirft Marker in die Hecksee des Kriegsschiffs.

Zwei Horchposten auf dem Grid, hinter der „Bayern“ ist eine hellleuchtende „Wikingerkeule“ gut erkennbar.

Innerhalb eines Sekundenbruchteils taucht die 83+07 ganz plötzlich an Backbord aus der Nebelwand auf …

Laut und deutlich ist der Hubschrauber bereits zu hören. Nun tauchen gespenstisch die Landelichter aus dem Nebel auf. Continuing visual, Paddles Control – mit Insichtkommen der Sea Lynx übergibt der Helicopter Controller in der OPZ an den FDO, der den Helikopter routiniert zur Landung einwinkt. Über die Backbordseite schwenkt Korvettenkapitän Zachau die Maschine mittig über das Landedeck. Die Räder touchieren den Boden, tief federt das Fahrwerk ein. Per Knopfdruck aktiviert die Pilotin die Harpune an der Rumpfunterseite. Die 83+07 steht fest und sicher auf dem Achterschiff der „Bayern“. Großes Aufatmen auf dem Schiff und in der Lynx. Die beiden Piloten nehmen die After Landing Checks vor, deaktivieren die Außenlichter und den Doppler. Mit vier Laschings sichern die Soldaten den Helikopter. Nach der obligatorischen Rolls-Royce-Gedächtnisminute, bei der die Triebwerkstemperatur schonend heruntergefahren wird, werden die beiden Wellenturbinen abgeschaltet und der Rotor läuft langsam aus. Jetzt übernimmt die Bordwartungsgruppe.

Langer Weg ins Lynx-Cockpit

André Wiegleb hatte, als seine Abiturprüfung auf Sicht war, ein klares Ziel vor Augen: Er wollte Pilot bei der Deutschen Marine werden, optimalerweise in Verbindung mit einem Studium. Erste Station auf diesem Wege war nach der offiziellen Bewerbung das Assessment-Center an der Offizierbewerberprüfzentrale in Köln. Nach erfolgreich bestandener Eignungsprüfung schloss sich ein fünftägiger Medizin-, Psychologie- und Fitnesscheck an und in der dritten Stufe ein Fliegereignungstest: „In einem einfachen Simulator galt es, erste Flugmanöver wie Platzrunden, Start und Landung sowie am Ende eine Mission zu bewältigen. Ich musste zwei Vorträge halten und Tests in den Fächern Technik und fliegerische Grundlagen meistern.“

Dann wurde es ernst für den jungen Mann: An der Marineschule in Flensburg-Mürwik – der „Alma Mater“ der

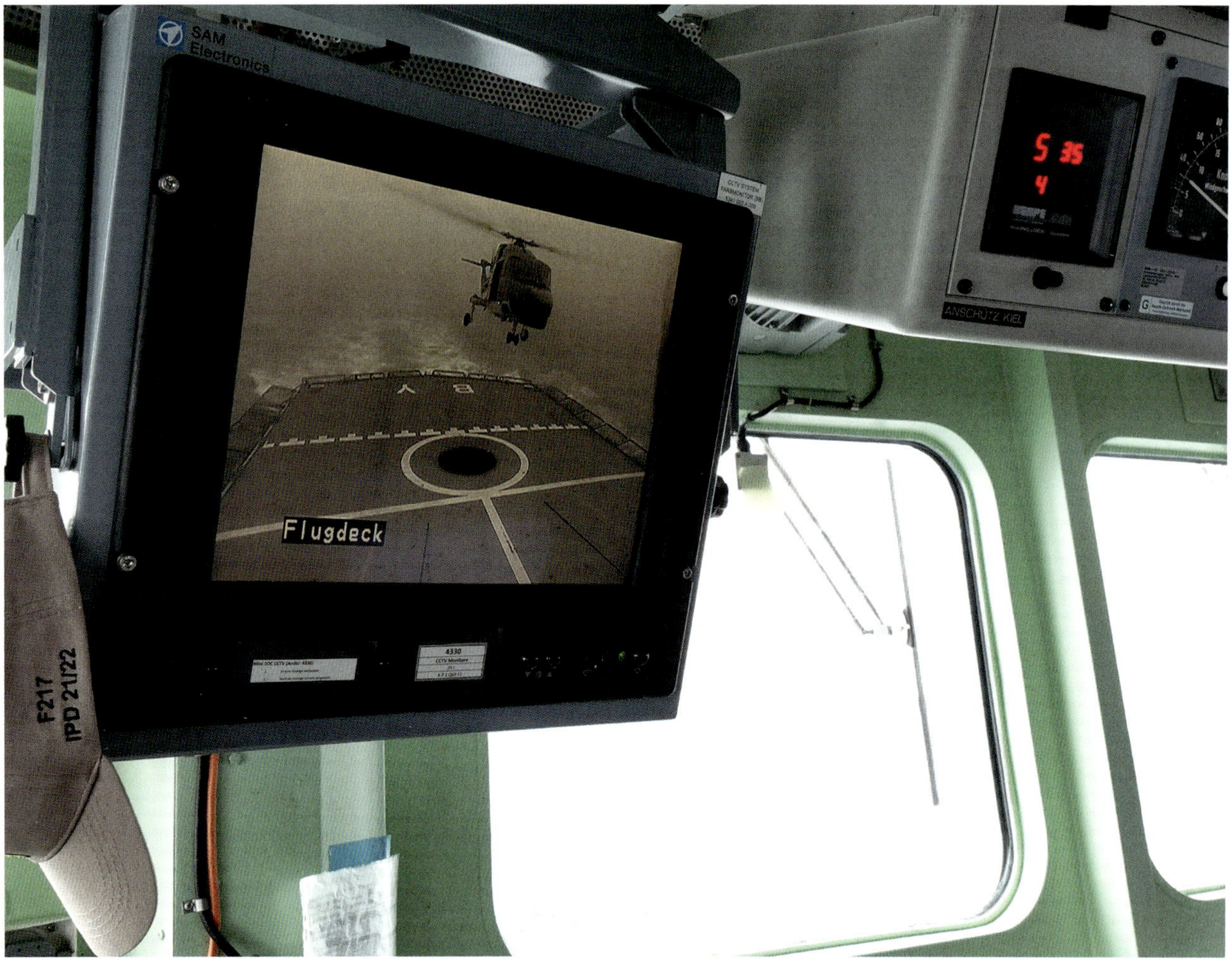

... was auch die Brückenbesatzung auf dem Monitor mit Erleichterung zur Kenntnis nimmt.

André Wiegleb, Kapitänleutnant sein Dienstgrad, ist mit Leib und Seele Lynx-Pilot.

Marineoffiziere – stand zunächst die militärische Grundausbildung auf dem Plan, anschließend der Offizierslehrgang mit dem Erlernen militärfachlicher und allgemeinmilitärischer Kenntnisse und Fertigkeiten. Hinzu kamen Ausbildungsschwerpunkte wie Segeln, Nautik, Politik und Militärgeschichte, flankiert von einem sechswöchigen Praktikum in einem Einsatzausbildungsverband. Mit dem Dienstgrad eines Kadetten ging es für André Wiegleb anschließend an Bord des Segelschulschiffs „Gorch Fock“. Von Gran Canaria zu den Azoren führte ihn die Ausbildungsreise mit dem dreimastigen „schwimmenden Klassenzimmer“.

Nach einem Jahr in Uniform dann der Wechsel ins Studium der Wirtschaftswissenschaften an der Helmut-Schmidt-Universität der Bundeswehr in Hamburg, das er mit dem Master abschloss. Erst jetzt – nach fünf Jahren – begann sein Ziel von der Pilotenausbildung Gestalt anzunehmen. Und zwar am Internationalen Hubschrauberausbildungszentrum im niedersächsischen Bückeburg. Hier findet zentral die Hubschrauberführergrundausbildung, kurz HGA, aller drei Teilstreitkräfte der Bundeswehr sowie

Schulungshubschrauber EC 135.

Lehrgang Überleben auf See: In der beheizten Schwimmhalle ...

... und unter Echtbedingungen in der rauen Nordsee.

internationalen Teilnehmern für die waffensystemgebundene fliegerische und luftfahrzeugtechnische Ausbildung statt.

„Die ersten Schritte ins Fliegerleben waren durchaus aufregend, behutsam führten uns die Ausbilder an die komplexe Materie heran“, so der Kapitänleutnant rückblickend. „In den digitalisierten Hörsälen vermittelten sie uns das theoretische Basiswissen in Bereichen wie Technik, Physik, Meteorologie, Navigation, Funk, Englisch, Luftrecht ..., die sogenannten Basic Academics. Der praktische Teil fand zunächst im Cockpit-Procedure-Trainer und Full-Mission-Simulator statt, bevor es nach sechs Wochen mit der EC 135 erstmals real in die Luft ging. Mit einem Fluglehrer an der Seite, versteht sich.“

Es folgten der erste Alleinflug, zahlreiche Checkflüge und immer wieder Verfahrenstraining im Simulator. Er erwarb die Qualifikationen für Sicht- und Instrumentenflug. Flüge mit Nachtsichtgerät und im Gebirge standen auf dem Programm, ebenso das Open Sea Survival Training an der Marineoperationsschule in Bremerhaven und die Autorotation im Cockpit einer Bell 206. Hierbei handelt es sich um ein Notverfahren nach einem Triebwerksausfall, mit dem auch bei völligem Verlust der Antriebsleistung sicher gelandet werden kann.

Abermals war ein Jahr ins Land gegangen, als André Wiegleb – frisch zum Oberleutnant zur See befördert und den militärischen Luftfahrzeugführerschein mit dem Beiblatt Helikopter in der Tasche – nach Nordholz zur Musterschulung auf dem Sea Lynx versetzt wurde. Erneut standen diverse Übungsstunden mit der EC 135 und noch mehr im Lynx-Simulator auf dem Lehrplan. Dann endlich ging es – immer mit einem Fluglehrer der Fliegerischen Ausbildungsstaffel des MFG 5 an der Seite – auf die Mk 88A. „Fliegen über See – bei Tag und Nacht, bei Wind, Wetter und Nebel ... – hieß nun die Herausforderung, die Maschine wollte in all ihren Facetten beherrscht sein“, blickt er auf das anspruchsvolle Training zurück. „Angereichert war das Ganze mit dem Erlernen verschiedener Winschverfahren, dem Einsatz von Tauchsonar, Außenlastgeschirr und der Bewaffnung. Mit dem Erlangen meiner DLQ, der Deckslandequalifikation, auf dem Heli-Deck der Fregatte ‚Bayern‘ wurde ich einen Tag vor meinem 30. Geburtstag zum zertifizierten Lynx-Piloten. Was aber nicht bedeutet, dass seit dem Stillstand herrscht, ganz im Gegenteil: Weitere Befähigungen wie U-Bootjagd oder Überwasser-Seekriegsführung waren zu absolvieren. Permanentes Training in der Lynx und im Simulator, im Rahmen von Manövern und internationalen Missionen, sorgen dafür, dass Langeweile gar nicht erst aufkommt.“

Präzision und Organisationstalent – der HEO

Aufatmen nach dem ELVA auch bei Fregattenkapitän David Seemann. Ihm fällt die Rolle des Hubschraubereinsatzoffiziers zu, kurz HEO genannt. Damit ist er Leiter des 500er-Abschnitts auf der „Bayern“ und gleichzeitig der Knotenpunkt zur Schiffsführung. Dieser Einsatz hat für ihn bereits vor Monaten begonnen, wurde von ihm zusammen mit dem Kommandanten und dem Schiffseinsatzoffizier von langer Hand bis ins kleinste Detail geplant.

„Mit ungefähr einem Jahr Vorlauf stellt das Marinekommando Rostock den JÜEP, den Jahres Übungs- und Einsatzplan, für die Flotte zusammen“, so Fregattenkapitän Seemann. „Eine Vielzahl von Konferenzen und Absprachen ist dazu erforderlich, beginnend auf Nato-Ebene bis ganz nach unten in der Organisationsstruktur und unter Berücksichtigung diverser Einflussfaktoren und Eventualitäten. Grob differenziert wird dabei zwischen militärischen Einsätzen, großangelegten Manövern, Übungen und Ausbildungsvorhaben. In unserem konkreten Fall wurden die Einsatzflottille 2 in Wilhelmshaven und das MFG 5 vor etwa zwölf Monaten über den zweiwöchigen Trainingseinsatz informiert und mit der Durchführung beauftragt. Naturgemäß genießt eine solche Einschiffung höchste Priorität bei allen beteiligten Stellen.“

Fregattenkapitän Seemann fungiert als HEO, hat den Übungseinsatz auf der „Bayern“ von langer Hand geplant und leitet den Hauptabschnitt 500.

Als Ausbildungsleiter Lynx zählt auch der Simulator zu den Arbeitsplätzen von Fregattenkapitän Seemann-

Als Einsatzplattform definierte man die „Bayern", langfristig plante die Führung in Nordholz zwei Sea Lynx Mk 88A sowie das erforderliche Personal ein. Fregattenkapitän Seemann wurde vom Kommodore des MFG 5 mit der Aufgabe des HEOs betraut. Gemeinsam mit Fregattenkapitän Fauerbach hat er die Übungsszenarien und -gebiete festgelegt, außerdem die Bereitstellung von Rüstrollen, Material und Betriebsstoffen geplant und an die zuständigen Stellen im Geschwader delegiert: „Allein die Tatsache, dass wir mit über zwei Dutzend zusätzlichen Soldaten auf der ‚Bayern' Quartier beziehen, bringt für die Einsatzflottille 2 und das Schiff erhebliche organisatorische Anforderungen mit sich."

In der Summe ein gigantischer Aufwand mit vielen Facetten, doch Fregattenkapitän Seemann nimmt es gelassen: „Die planerischen Herausforderungen im Vorfeld machen mir durchaus Spaß, und letztendlich läuft alles auf das große Abenteuer Seefahrt mit viel Fliegerei und der Kameradschaft an Bord hinaus." Aber auch dort ist er rund um die Uhr gefordert. Er trägt die Verantwortung für den gesamten fliegerischen und technischen Bereich, koordiniert die Flug- und Übungsplanung, die technische Betreuung der Maschine und berät den Kommandanten rund um den Flugdienst aus fachlicher Sicht.

Hubschraubereinsatzoffizier ist indes kein Fulltimejob. Er ist temporär begrenzt auf die Einschiffung sowie deren Vor- und Nachbereitung. Im „echten Leben" ist Fregattenkapitän Seemann Ausbildungsleiter Lynx beim MFG 5. In dieser Funktion ist er für den frisch von der HGA in Bückeburg zulaufenden Nachwuchs ebenso zuständig wie für die Fortbildung der gestandenen Piloten und HOMs im Geschwader. Zusammen mit den ihm unterstellten Fluglehrern der Fliegerische Ausbildungsstaffel schult er fliegerische und taktische Theorie sowie ganz praktisch mit der Sea Lynx, der EC 135 und im Simulator. Übrigens: Bereits als Teenager brannte David Seemann für die Luftfahrt, war begeisterter Segelflieger. Fast schon zwangsläufig führte ihn darum seine beruflich Karriere zu den Marinefliegern und zum Sea Lynx.

Die Stunde(n) der Bordwartungsgruppe

Während sich die beiden Piloten gemeinsam mit HOM, HEO und HC dem Debriefing des Flugs und des unerwarteten ELVA-Verfahrens widmen, läuft die Bordwartungsgruppe in ihren beiden Hangars zur Höchstform auf. Der Flugbetrieb ist für heute beendet. Feierabend gibt es jedoch noch lange nicht. Die 83+07 wird zunächst mit Kraftstoff betankt und mit Frischwasser gereinigt. Anschließend falten die Soldaten die Rotorblätter raumsparend entlang des Heckauslegers und schieben die Maschine in einem gemeinsamen Kraftakt in den Backbord-Hangar der „Bayern“. Sämtliche Lufteinlässe werden verschlossen, die Maschine zusätzlich mit Ketten und Bremskeilen vor den Rädern gesichert.

Crew Chief Hauptbootsmann Paul Paatz betankt die Sea Lynx sofort nach der Landung.

Platzsparend werden die Rotorblätter nach achtern geklappt …

... und die Maschine wird mit vereinten Kräften in den Hangar gerollt.

Heute ist Nachtschicht angesagt, denn neben der obligatorischen Nachflugkontrolle steht auch die aufwändige 30 Stunden-Inspektion auf der Agenda. Das bedeutet: Prognostizierter Feierabend bei Sonnenaufgang. Schluss ist, wenn fertig – so die Devise. Zwei üppig dimensionierte Boxen beschallen den Hangar mit lautstarker Tonkunst aus dem Heavy Metal-Genre. Das sorgt für Motivation und ein gutes Arbeitsklima. Überhaupt geht es wenig militärisch zu im Hauptabschnitt 500. Der Ton unter den Soldaten ist kameradschaftlich, bisweilen freundschaftlich-rau.

Boss des Teams ist Paul Paatz, ein waschechter Berliner. Crew Chief Mk 88A heißt sein Job ganz offiziell, Hauptbootsmann ist sein Dienstgrad. Voraussetzung für diesen facettenreichen Aufgabenbereich ist neben der militärischen und fachlichen Qualifikation vor allem ein ausgeprägtes Organisationstalent, Flexibilität sowie Teamfähigkeit. Der Crew Chief muss zu jedem Zeitpunkt den totalen Überblick haben. Bei ihm handelt es sich um den erfahrensten Portepeeunteroffizier, der gleichzeitig die Spieß-Funktion einnimmt und den Betrieb im Hangar leitet.

Bereits Wochen vor der Einschiffung hat Hauptbootsmann Paatz in Nordholz die Logistik für die Bordwartungsgruppe und das Material geplant: „Wir müssen sämtliche für den Lynx-Betrieb erforderlichen Werkzeuge, Ersatzteile und Betriebsstoffe dabei haben, ebenso das Personal mit

Ablagerungen des Salzwassers werden akribisch entfernt.

Kontrollarbeiten am Heckrotor.

Im Zuge der 30 Stunden-Inspektion werden Triebwerke und der Rotorkopf detailliert unter die Lupe genommen.

Hauptbootsmann Paatz und seine Crew Chief-Kiste, immer oben auf seine Patch-Sammlung – Erinnerungen an frühere Einsätze und Seefahrten.

dem entsprechenden Knowhow. Zu meiner Mannschaft gehört jeweils ein Triebwerkstechniker, Avioniker, Elektriker und Flugwerker. Wir führen alle vorgeschriebenen Checks und Inspektionen an den Hubschraubern in derselben Qualität wie an Land durch. Dabei sind wir in der Lage, auch anspruchsvolle Arbeiten wie beispielsweise den Wechsel von Triebwerk, Rotorkopf oder Hauptgetriebe auf See vorzunehmen."

Paul Paatz hat ursprünglich den Beruf des Kfz-Mechanikers gelernt. Als er seine Einberufung zum Grundwehrdienst erhielt, machte er Nägel mit Köpfen: „Ich wollte etwas sehen von der Welt und mich gleichzeitig jobmäßig weiterentwickeln, was mich geradezu zwangsläufig zur Deutschen Marine führte", schildert der Hauptbootsmann seine damaligen Intentionen. „Ich absolvierte eine Ausbildung zum Fluggerätemechaniker. Beim Wartungszug der Technischen Staffel Mk88A arbeitete ich abwechselnd an der Lynx in der Halle Bravo und war bei diversen Einschiffungen Teil der Bordwartungsgruppe. Besonders eindrucksvoll waren für mich die Seereisen zum Torpedoschießen in Südafrika und im Rahmen der EU-Operation Atalanta. Dort kam mein HEO zu der Auffassung, dass ich als Crew Chief eine gute Figur machen würde. Mir kam die Offerte sehr gelegen, versprach diese Verwendung doch einen gewaltigen Blick über den Tellerrand meines bisherigen Mechaniker-Daseins. Bis ich so weit war, hatte ich allerdings noch eine ganze Reihe von Lehrgängen zu bestehen."

Kult und Trophäen: Patches

Das für seine Arbeit unverzichtbare Büro mit den Utensilien für die administrativen Arbeiten befindet sich übrigens kompakt gestaut in einer Seekiste. Öffnet man deren Deckel, fällt gleich obenauf die Patch-Sammlung von Hauptbootsmann Paatz: „Diese Stoffabzeichen sind Kult bei uns im Geschwader. Kaum ein Marineflieger, der sie nicht sammelt und mit Stolz trägt. Es gibt sie in vielfältiger Form – auf Geschwader-, Staffel- und Gruppenebene mit deren jeweiligen Wappen oder Signets. Natürlich hat auch jedes Marineschiff ein eigenes Patch. Deutlich seltener und damit umso begehrter sind die Aufnäher, die im Umfeld internationaler Manöver und Missionen gestaltet werden. Meist werden die Motive – auch wir 500er tun das – von den beteiligten Soldaten selbst entworfen. Spezialhersteller setzen das Ganze anschließend recht kostengünstig in einem computerbasierten Stickverfahren um."

Diese inoffiziellen Patches haben einen humorigen oder militärisch-martialischen Charakter. Dabei handelt es sich nicht um Hoheitsabzeichen oder offizielle Truppensignets, sie sind vielmehr in einer Grauzone angesiedelt und werden von der Führung wohlwollend geduldet. Besonders beim Einsatz internationaler Verbände sind Patches beliebte Trophäen und Tauschobjekte für die Soldaten der beteiligten Einheiten.

Schlüsselfunktion LTO

Die Bordwartungsgruppe von Hauptbootsmann Paatz bildet an Bord der Fregatte den Abschnitt 520, während das fliegende Personal unter der Leitung des 1HFO, dem ersten Hubschrauberführeroffizier, im Abschnitt 510 zusammengefasst ist. Beide miteinander ergeben den vom HEO geführten Hauptabschnitt 500.

Kapitänleutnant Fabian Würtz hat die Position des LTOs inne, des Luftfahrzeugtechnischen Offiziers. Damit ist er Leiter des Abschnitts 520. Er ist für den Klarstand der Hubschrauber an Bord verantwortlich, wobei ihm die Rolle einer besonderen Schnittstelle zufällt: „Im Bereich der Luftfahrttechnik herrscht das Sechs-Augen-Prinzip. In der Praxis bedeutet das: Fehler werden zumeist durch die Piloten beim Crew Chief und dem Meister der entsprechende Fachrichtung debrieft oder im Rahmen der Inspektionen festgestellt. Die Unteroffiziere beheben dann nach Anweisung des Portepeeunteroffiziers den Fehler, dieser prüft die Arbeit und ruft dann für die Nachprüfung den LTO hinzu."

Flapsige Zeitgenossen behaupten, das Wichtigste am LTO sei sein Stempel. Und ein wenig Wahrheit ist da dran, denn ohne dieses Siegel im Bordbuch hebt kein Mk 88A

nach einem technischen Eingriff ab. Der LTO besitzt die Nachprüfberechtigung und die Kompetenz für Sonderfreigaben. Letzteres war gerade am Tag davor der Fall an Bord der „Bayern“. Bei der 83+23 stellten die Piloten eine defekte Kraftstoffvorratsanzeige fest, womit die Maschine automatisch aus dem Flugbetrieb herausfiel. An Bord wäre der Schaden zwar zu beheben gewesen, hätte aber den zeitlichen Rahmen des Übungseinsatzes gesprengt. Darum bedurfte es der Wartungsgruppe in der Halle Bravo. Die vollbetankte Maschine besaß zwar eine für die Distanz zum Stützpunkt fünffach ausreichende Spritmenge, durfte aber erst nach der Sonderfreigabe durch Kapitänleutnant Würtz auf direktem Weg unter Sichtflugbedingungen und ohne Passagiere in Richtung Nordholz starten.

Auch Fabian Würtz hat sich nach dem Abitur für die Offizierslaufbahn in Kombination mit einem Studium bei der Bundeswehr entschieden. Maschinenbau hieß das Fach der Wahl des technikaffinen jungen Manns. Zur Marine zog es ihn, weil er hier die größte Bandbreite seines Fachbereichs auf kleinstem Raum fand. „Ingenieurswesen kombiniert mit dem Abenteuer Seefahrt – das war exakt das, was ich wollte“, reflektiert der Kapitänleutnant. „Mit der ‚Gorch Fock‘ war ich in Las Palmas, mit dem EGV ‚Frankfurt am Main‘ an der Küste Nigerias und an Bord der ‚Schleswig-

Gemeinsam mit dem HEO und dem HOM prüft LTO Kapitänleutnant Fabian Würtz (Mi.) das aktuelle Flugwetter..

Technische Dokumentation im LTO-Office nach einem arbeitsreichen Tag auf See.

Passt wie angegossen: Sea Lynx Mk 88A im Hangar.

Holstein während des Nato-Manövers Northern Coast in Skandinavien. Bemerkenswert war unlängst ein Spezialauftrag in Dänemark, wo wir ausgemusterte Sea Lynx der dortigen Marineflieger zwecks Ersatzteilgenerierung zerlegt haben.“

Fachlich ist Kapitänleutnant Würtz direkt dem Kommandeur der Technischen Gruppe Mk88A in Nordholz unterstellt. An Bord obliegt ihm die militärische Führung des technischen Teams. Im Fall einer Notlage ist der LTO der Gesamtverantwortliche und die Kommunikationsschnittstelle mit der Schiffsführung.

Waffensystem Fregatte – an Bord der „Bayern“

An Bord der „Bayern“ herrscht nach dem ELVA wieder Ruhe und Routine. Der Gefechtszustand ist aufgehoben, die Besatzungsmitglieder machen ihren Job oder befinden sich in der Freiwache. Die Fregatte ist eine von vier Einheiten der Brandenburg/F 123-Klasse. Am 16. Dezember 1993 bei der Werft Thyssen Nordseewerke in Emden auf Kiel gelegt, wurde das gut 130 Meter lange Kriegsschiff am 15. Juni 1996 in Dienst gestellt. Heute ist es dem 2. Fregattengeschwader in Wilhelmshaven zugeordnet.

Konzipiert wurden die „Bayern“ und ihre Schwesterschiffe ursprünglich – noch in der Ära des Kalten Kriegs – für die Bekämpfung von Unterwasserzielen. Doch mit der Neuausrichtung der Bundeswehr in den frühen 90er-Jahren verschob sich auch das Einsatzspektrum der Fregatten hin zu multinationalen und streitkräftegemeinsamen militärischen Operationen von längerer Dauer. In der Folge erweiterte man mehrfach die Kampfkraft der 123-er durch Modernisierungsmaßnahmen, wodurch die Fähigkeiten in den Bereichen See- und Luftzielbekämpfung deutlich erweitert wurden.

„Nach wie vor ist unsere Hauptbefähigung die U-Bootjagd, die ganz maßgeblich durch den Sea Lynx-Bordhubschrauber an Effizienz gewinnt“, erklärt Fregattenkapitän Dennis Fauerbach, seit dem Frühjahr 2022 Kommandant der „Bayern“. „Zwar sind wir mittels unseres Bugsonars DSQS-23BZ sowie dem Leichtgewichtstorpedo Mk 46 durchaus in der Lage, als alleinige Einheit gegen Unterwasserziele zu operieren. Doch erst mit den beiden Bord-

Fregatte „Bayern“ aus der Perspektive der Lynx-Piloten.

Flieger und Seelords

Und noch aus einem weiteren Grund schätzt der Marineoffizier die Verfügbarkeit der Bordhubschrauber: „Gerade bei längeren Operationen im Verband geben uns die Lynxe ein hohes Maß an Flexibilität, wenn es um den Transport von Personen und Material geht. Vor allem aber als SAR-Mittel. Sollte wirklich mal ein Besatzungsmitglied ernsthaft erkrankt oder verletzt sein, so kann der Patient schnell ausgeflogen werden. Auf der anderen Seite verfügen wir auf der ‚Bayern' bei ausgedehnten Missionen über ein leistungsfähiges Bordlazarett, personell bestückt mit einem Chirurgen, Anästhesisten, Allgemeinmediziner, Zahnarzt sowie Sanitätshelfern. Mit unseren Bordhubschraubern können also auch Patienten von anderen Schiffen zur medizinischen Versorgung eingeflogen werden. Es gibt ein gutes Gefühl der Sicherheit, wenn wir den Hauptabschnitt 500 an Bord haben."

Die Marineflieger und ihre Maschinen befinden sich nicht permanent auf den Fregatten. Eingeschifft werden sie bei Bedarf – vorwiegend bei großangelegten Seemanövern sowie Stabilisierungseinsätzen im Rahmen internationaler Flottenverbände. Dabei sind die Soldaten des MFG 5 diszi-

Der Kommandant auf der Brücke: Fregattenkapitän Dennis Fauerbach.

Zwillingstorpedorohr an Steuerbord.

Rechts: Vorschiff der „Bayern".

hubschraubern in ihren ASW-Rollen als Pony und Dipper zu einem richtig scharfen Schwert. Die Hubschrauber erweitern die Reichweite unserer Sensoren und Effektoren erheblich. Ein weiterer Vorteil: Sind sie im Einsatz, können wir unsere Sensoren abschalten und bleiben für den Gegner nahezu unsichtbar."

Fregattenkapitän Fauerbach weiß, wovon er spricht, er ist ein erfahrener Seeoffizier. Die Fregatten „Karlsruhe", „Sachsen", „Hessen" sowie die Luftabwehr- und Führungsfregatte „De Ruyter" der Königlichen Marine der Niederlande waren seine bisherigen Bordkommandos. Bevor der Wilhelmshavener das Kommando der „Bayern" übernahm, wirkte er im Headquarter Allied Joint Force Command Brunssum der Nato.

Konzentriert steuert der Rudergänger den vorgegebenen Kurs.

plinar dem Kommandanten der jeweiligen Fregatte unterstellt. Unmittelbar nach Einführung der Sea Lynx verliefen derartige Zusammenführungen von Seefahrern und Fliegern nicht immer ganz reibungslos. Man musste sich aneinander gewöhnen: Plötzlich konnten die Seelords die bis dahin leerstehenden Hangars nicht mehr als Sportstätte nutzen, während sich die schlafsuchenden Hubschrauber-Mechaniker nach langen Nachtschichten von den Lautsprecherdurchsagen im Schiff gestört fühlten ... Auch trafen unterschiedliche soldatische Mentalitäten zusammen.

Das hat sich längst eingependelt, man weiß, was man aneinander hat und pflegt ein kameradschaftliches Miteinander. Erst mit den Bordhubschraubern ist die „Bayern“ ein vollständiges Waffensystem, Fregattenkapitän Fauerbach: „Meine Besatzung und ich freuen uns immer darauf, wenn die ‚Rock'n'Roll-Truppe‘ vom MFG 5 einfällt. Sie bringt frischen Wind ins Schiff. Bei den 500ern sind die Hierarchien flacher und der Umgang weniger militärisch. Auf einem Kriegsschiff ist das aus guten Gründen anders. Auch bestimmt der Flugbetrieb in erheblichem Maß den Takt an Bord und wirbelt die gewohnten Routinen durcheinander. Zwei Welten treffen aufeinander, aber in der täglichen Praxis klappt alles hervorragend. Die beiden Pole inspirieren sich auf hervorragende Weise gegenseitig.“

Technisch hochkomplexe Einheit

Navigiert wird die „Bayern“ von der Brücke aus. Der Rudergänger steuert den vom Wachoffizier vorgegebenen Kurs mit der entsprechenden Geschwindigkeit. Tief unten im Bauch der „Bayern“ sorgt eine CODOG-Anlage für den Vortrieb, eine Kombination aus zwei Gasturbinen des Herstellers General Electric sowie zwei MTU-Dieselmotoren mit jeweils 20 Zylindern in V-Anordnung. Über verschiedene Getriebe wird die Leistung über zwei Wellen auf die Verstellpropeller von Sulzer Escher Wyss abgegeben. Bei Volllast steht eine Gesamtleistung

Technischer Leitstand für die Steuerung der Antriebsanlage.

von 51 666 PS zur Verfügung. Um die akustische Signatur der Motoren zu reduzieren, sind diese doppelelastisch gelagert und schallabsorbierend gekapselt. Vier Nebendiesel, die sogenannten Jockel, sorgen für die Stromerzeugung. Gesteuert werden die Motoren vom Technischen Leitstand aus. Während des Betriebs befindet sich kein Personal im Maschinenraum.

V20-Diesel von MTU

General Electric-Gasturbine.

Die „Bayern“ verfügt über leistungsfähige Radaranlagen zur See- und Luftraumüberwachung sowie zur Feuerleitung. Sonar, Systeme zur elektronischen Kampfführung, Fernmelde- und Datenübertragungsanlagen komplettieren die Ausrüstung. Damit ist die Fregatte technisch befähigt zur Übernahme von Führungsaufgaben innerhalb eines Flottenverbands.

Alle Sensoren und Effektoren sind im Führungs- und Waffeneinsatzsystem Sabrina 21 miteinander vernetzt. In der stets abgedunkelten Operationszentrale, kurz OPZ, laufen alle Drähte zusammen. Die hier arbeitenden Soldaten sind echte Spezialisten, erklärt Fregattenkapitän Fauerbach: „Vor ihren modernen Mehrzweckkonsolen bündeln sie die gesammelten Informationen der schiffseigenen Sensoren sowie externe Daten. Zunächst entstehen detaillierte Bilder der Luft-, Überwasser- und Unterwasserlage, woraus sich die dreidimensionale Gesamtlage für unser Schiff und gegebenenfalls einen ganzen Einsatzverband ergibt. Im Ernstfall würde nach Analyse der Bedrohungssituation hier in der OPZ das Gefecht geführt. Sie ist das Gehirn der Fregatte.“

Bewaffnet ist die Fregatte auf dem Vorschiff mit dem Hauptgeschütz OTO 76/62 Compact im Kaliber 76 mm mit einer Reichweite von mehr als 18 Kilometern und einer Kadenz von bis zu 85 Schuss pro Minute. Hinter dem Geschützturm und achtern auf dem Hangar ist jeweils ein drehbarer RAM-Starter mit 21 Zellen zum Verschießen von RIM-116-Flugkörpern zur Nahbereichsflugabwehr angeordnet. Direkt vor der Brücke befindet sich das 16 Zellen umfassende Senkrecht-Startsystem VLS Mk41, mit dem derzeit Flugabwehrraketen der Typen NSSM abgefeuert werden können. Zwischen Hauptmast und Schornsteinen

Rechts:
Sensorik für alle Aufklärungs- und Bedrohungslagen.

Die Operationszentrale ist das Gehirn der Fregatte.

befinden sich, nach Backbord und Steuerbord weisend, zwei Doppelstarter für Seezielflugkörper RGM-84 Harpoon. Ihre Reichweite liegt bei rund 150 Kilometern. Eingesetzt werden sie zur Bekämpfung von Seezielen. Ebenfalls beidseitig auf Höhe kurz hinter den Schornsteinen befinden sich jeweils Zwillings-Torpedorohre zum Verschießen von Leichtgewichtstorpedos vom Typ Mk46. Diese können mit einer maximalen Reichweite von elf Kilometern aktiv oder passiv eingesetzt werden.

Zwei Maschinenkanonen MLG 27 sowie vier bei Bedarf einrüstbare M3M-Maschinengewehre dienen der Nahbereichsverteidigung gegen feindliche Speedboote. Vier Täuschkörperwurfanlage vom Typ MASS – Multi Ammunition Softkill System – zur Ablenkung anfliegender Lenkflugkörper ergänzen die Bewaffnung der „Bayern“.

Die „Bayern“ vor tiefgreifenden Veränderungen

Fregattenkapitän Fauerbach ist überzeugt: „Auch im dritten Jahrzehnt ihrer Nutzung gehören die ‚Bayern‘ und ihre Schwesterschiffe keinesfalls zum alten Eisen. Im Gegenteil: Sie sind in der Vergangenheit mehrfach den neuesten Rüstungsstandards angepasst worden. Die F 123-Fregatten sind grundsolide Arbeitspferde mit hervorragenden Seeeigenschaften. Sie sind wehrhaft, universell einsetzbar und hinsichtlich ihrer Sensorik gut ausgerüstet.

Hauptgeschütz OTO 76/62 Compact auf dem Vorschiff.

RAM-Starter zum Abfeuern von RIM-116-Flugkörpern.

Rechts unten:
Mit einem „Midlife Refit“ werden die Kampfkraft und die Nutzungsdauer der „Bayern“ in Kürze deutlich erhöht.

Automatikgeschütz MLG 27 im Kaliber 27 mm.

Absehbar steht uns ein ‚Midlife Refit‘ ins Haus. Im Rahmen eines etwa einjährigen Werftaufenthalt wird man die ‚Bayern‘ in weiten Teilen entkernen, anschließend sämtliche Sensoren und Effektoren auf Basis digitaler Technik erneuern. Ziel ist es, eine Nutzungsdauer des Schiffs bis 2035 sicherzustellen.“

Allerdings gibt es einen Wehrmutstropfen bei dieser Modernisierung: Zukünftig wird es auf der „Bayern“ keine Bordhubschrauber mehr geben. Das ist zum einen der Tatsache geschuldet, dass der ab 2025 zur 3. Staffel stoßende Lynx-Nachfolger Sea Tiger schlichtweg zu groß für die beiden Hangars sein wird. Zudem werden große Teile

des Raums, der bislang vom Hauptabschnitt 500 genutzt wird, für neue technische Komponenten beansprucht. Als Ersatz sind natürlich auch unbemannte Systeme denkbar. Die Hubschrauberdrohne Sea Falcon, die bereits mit vielversprechenden Ergebnissen von der Deutschen Marine erprobt wird und mit einem Aktionsradius von über 100 Kilometern die Rolle des „Eye in the sky“ übernehmen könnte, wäre ein Kandidat.

Fliegerische Tagesplanung beim HELO-Briefing

Wie immer beginnt der Flugbetrieb am darauffolgenden Tag mit dem HELO-Briefing. Der überwiegende Teil der Schiffsführung sowie der HEO, der LTO und die Lynx-Piloten haben sich im OTC-Briefingraum zusammengefunden. Zunächst informiert der Navigationsmeister über die aktuelle und die prognostizierte Wettersituation. Anschließend hat der HC das Wort. Er gibt einen Statusbericht über den technischen Zustand der Lynx und deren Rüstrolle, den Bereitschaftszustand der Crew sowie die Callsigns von Schiff und Helikopter. Es folgen ein allgemeiner Lagebericht und das NOTAM – Notice to Airmen – mit temporären Änderungen des Flugverkehrs. Ausweichlandeplatz ist die SAR-Außenstelle Helgoland, außerdem werden Referenzpunkte, wichtige Frequenzen sowie die Flight Activities anderer Maschinen vom MFG 3 und MFG 5 im derzeitigen Seegebiet der „Bayern“ benannt. Hydrografische Details gibt der HC nicht bekannt, da heute kein Sonar-Training auf dem Programm steht. Am Ende benennt er die Flugaufträge und die -zeiten für die 83+07, darüber hinaus die Aufgabenstellungen für die Bordwartungsgruppe und die Ankunft einer zweiten Sea Lynx für den Nachmittag. Keiner der Beteiligten aus der Runde hat Fragen oder Einwände, mit knappen Worten bedankt sich Fregattenkapitän Fauerbach und gibt sein Okay für den fliegerischen Tagesplan.

All hands on (Flight-) Deck

Und was ist in den kommenden Stunden achtern auf dem Flugdeck der Fregatte angesagt? Zum einen im Minutentakt Anflüge und Deckslandungen in unter-

Tägliches HELO-Briefing vor der Aufnahme des Flugbetriebs mit der Schiffsführung und den Marinefliegern.

schiedlichen Situationen, zum anderen Training für die Flightdeck-Crews und angehende FDOs, also Flight Deck Officer.

Als FDO-Ausbilder fungiert Oberstabsbootsmann Ole Francke. Er erklärt, wie das Team funktioniert: „Die Flightdeck-Crew wird teils vom Schiff gestellt, ist also nicht nur alleiniger Teil des Abschnitts 520. Das macht Sinn, denn es kann ja auch außerhalb von Einschiffungen durch das MFG 5 jederzeit ein Hubschrauber auf dem Flugdeck landen. Die Korvetten und Versorger der Deutschen Marine sind gar nicht für die Aufnahme einer Bordwartungsgruppe vorgesehen, verfügen aber über ein Flugdeck, das natürlich genutzt wird. Also muss zwangsläufig auch Fachpersonal für das Einweisen des Helikopters und das ganze Drumherum zur Verfügung stehen. Dies ist ein Rollendienst, den die dafür ausgebildeten Soldaten im Bedarfsfall neben ihrer eigentlichen Aufgabe im Schiffsbetrieb wahrnehmen. Als eigenständige Einheit ist die Mannschaft für die Sicherheit auf dem Helideck komplett verantwortlich – nicht nur wäh-

Mittels Handzeichen weist der Paddles die Piloten ein.

Oberstabsbootsmann Ole Francke (li.) erklärt die Aufgaben des FDO.

Vor dem ersten Start wird das Flugdeck nach Fremdkörpern abgesucht.

Brandwache während des Hochfahrens der Triebwerke.

rend des Flugbetriebs, sondern auch durch das regelmäßige Absuchen des Decks nach gefährlichen Fremdkörpern oder die Kontrolle der Beleuchtungseinrichtung."

Ole Francke kam nach seiner zivilen Ausbildung zum Bauschlosser als Wehrpflichtiger zur Deutschen Marine. Die Zeit wollte er für sich nutzen, verpflichtete sich zunächst auf vier, später auf acht Jahre. Er ließ sich zum Fluggerätmechaniker und zum Industriemeister ausbilden, kam innerhalb der Lynx-Familie als Crew Chief, HOM, FDO und wegen seiner großen Erfahrung als FDO-Ausbilder zum Einsatz. Nicht zu Unrecht zählt man ihn zum Urgestein des Geschwaders.

Der FDO ist Chef der Flightdeck-Crew und gleichzeitig der Einweiser, der auch als Paddles bezeichnet wird und auf den ersten Blick an seinem gelben Helm zu erkennen ist. Beim Start oder bei der Landung einer Sea Lynx hat er unmittelbaren Sichtkontakt zum Piloten und weist ihn optisch ein. Dies tut er unter Zuhilfenahme von zwei – in der Dunkelheit beleuchteten – Stäben mittels standardisierter Handzeichen, die in der Nato-Vorschrift HOSTAC exakt definiert sind. Alle wichtigen Vorgänge wie beispielsweise das Starten von Rotor und Turbinen, das Lösen der Bremsen und Laschings, das Einleiten von Flugmanövern oder in Notfallsituationen werden durch diese Form der nonverbalen Kommunikation abgestimmt – bei hohem Motorenlärm und ohne auf eine Funkverbindung ins Cockpit angewiesen zu sein. Gleichzeitig ist er über sein Headset mit zwei separaten Funkkanälen mit dem HC, der Lynx und dem Schiff verbunden.

Zur Mannschaft des FDO gehören zwei Ausguckposten an beiden Seiten des Flugdecks sowie zwei Retter unter Vollschutzbekleidung, die bei einem eventuellen Unfall sofort erste Löschmaßnahmen einleiten können. Ein weiterer Soldat steht mit einem Feuerlöscher während des Starts neben der Maschine. Vier Lascher sichern die Sea Lynx unmittelbar nach der Landung mit strapazierfähigen Lashing-Straps an Deck und verbinden sie mit dem sogenannten Telebrief-Kabel, lösen diese Verbindungen entsprechend vor dem Abheben. Außerdem nehmen drei Mitglieder sofort nach Stillstand der Triebwerke das Volltanken des Hubschraubers vor.

„Klar, dass die gesamte Mannschaft auf dem Flugdeck entsprechende Sicherheitskleidung trägt – ohne Schutzbrille, Rettungsweste, Helm und Gehörschutz hat dort nie-

Die Laschings an der 83+07 sind gelöst – Startklar!

Kommunikation über die Bordsprechanlage.

mand etwas zu suchen“, so Oberstabsbootsmann Francke. „Das Starten und Landen der Sea Lynx ist für das Schiff und die Maschine immer ein sensibler Punkt, eine sicherheitstechnische Sollbruchstelle. Hier dürfen an keiner Stelle Fehler passieren, jede Nachlässigkeit kann schnell katastrophale Folgen haben. Darum muss die Flightdeck-Crew zu jeder Zeit geschmeidig wie ein Uhrwerk funktionieren.“

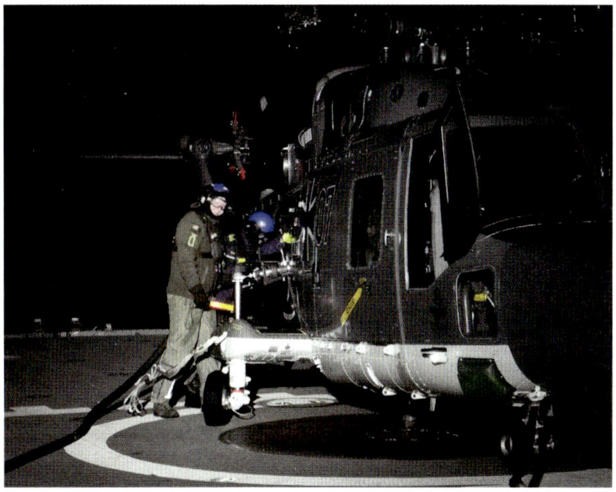

Links:
In der Dunkelheit weisen Leuchtstäbe den Weg aufs Flugdeck.

Unmittelbar nach dem Abschalten der Turbinen wird vollgetankt.

Über See und im Simulator

Rotor und Turbinen erzeugen einen Höllenlärm, alle vier Laschings sind gelöst. Das rote Anti Collision Light am Heckrotorträger blinkt rhythmisch. Gerade haben Korvettenkapitän Tabea Zachau als Pilot Flying und auf dem linken Sitz Kapitänleutnant André Wiegleb den Before-Takeoff-Check beendet. Die Pilotin gibt das Zeichen, dass sie über Steuerbord starten wird, was der FDO quittiert, indem er den rechten Leuchtstab in die Höhe streckt. Alles frei! – signalisieren die beiden Ausguckposten. Nun gibt Paddles das Zeichen zum Lösen der Harpune. Mit dem Ziehen des Collective gelangt die Sea Lynx in einen stabilen Schwebeflug. Korvettenkapitän Zachau bewegt den Cyclic nach links und die Maschine steht backbord neben der „Bayern". Nach dem Wave off vom FDO dreht sie die Maschine „auf dem Teller" um 30 Grad nach links und fliegt ab.

In den kommenden 45 Minuten wird Korvettenkapitän Zachau in schneller Folge eine Decklandung nach der anderen hinlegen – mal von Steuerbord anfliegend, mal von Backbord. Und dann eine Reihe von Crosslandings, bei der sie die 83+07 quer zur Fahrtrichtung der Fregatte kurz aufsetzt und dann wieder abhebt. Der Grund für dieses spezielle Landeverfahren kann in der Praxis ein stark eingeschränkter Manövrierspielraum der Fregatte sein. Dann nämlich, wenn es sich in einem engen Fahrwasser – beispielsweise einem minengeräumten Kanal oder Verkehrstrennungsgebiet – bewegt und sich für die Helikopterlandung nicht optimal in den Wind drehen kann.

50 Flugstunden unter Sicht- sowie 20 weitere unter Instrumentenflugbedingungen sind für einen Lynx-Piloten das minimale jährliche Pflichtpensum, um die Fluglizenz zu erhalten. Diese zu erfüllen, ist momentan nicht ganz einfach für Tabea Zachau. Sie besucht den zweijährigen LGAN, den Lehrgang General und Admiral National an der Führungsakademie der Bundeswehr in Hamburg – der anspruchsvollste Studiengang im Rahmen der Offiziersausbildung in der Bundeswehr, zu dem nur die Besten eines Jahrganges nach Eignung, Leistung und Befähigung ausgewählt werden.

Unbestritten: Tabea Zachau ist eine zielstrebige, stets die Spitze ihres eigenen Könnens suchende Frau. Zweimal

Korvettenkapitän Tabea Zachau entert den rechten Sitz im Cockpit, den des Pilot Flying..

Handgriff zur Feinjustierung der beiden Triebwerke.

Two-Minutes-Call von Kapitänleutnant André Wiegleb: Das Schiff dreht jetzt auf Flying Course.

sicherte sie sich den Titel der Europameisterin im Kampfsport Taekwondo. Bevor sie die Ausbildung zur Lynx-Pilotin antrat, absolvierte sie ihren Master of Political Science an der Helmut-Schmidt-Universität der Bundeswehr in Hamburg. „Die Berufung zum Lehrgang Admiralstabsdienst empfinde ich als eine große Herausforderung, der ich jedoch nicht in blindem Karrierestreben folge“, positioniert sich die Offizierin. „Ich möchte Dinge gestalten und die Bundeswehr ein Stück vorwärts bringen von dem Punkt aus, an dem ich gerade stehe. Das ist es, was mich antreibt. Mit der Qualifikation für die obere Führungsebene der Bundeswehr wünsche ich mir weiterhin eine Verwendung bei den Marinefliegern und möglichst oft dabei im Cockpit. Mal sehen wohin die Reise geht.“

Vor dem Intensivtraining auf der „Bayern“ hat Korvettenkapitän Zachau bereits diverse Stunden im Lynx-Simulator in Nordholz verbracht: „Das rein physische Fliegen mit dem Hubschrauber kann man darin nur sehr bedingt lernen oder vertiefen. Aber er ist hervorragend geeignet, um Verfahren zu trainieren und die eigenen Reaktionen abseits der Routine zu schärfen: AFCS- und Triebwerksausfälle, Autorotation, Wasserlandungen, Schäden am Haupt-

Lynx-Cockpit im Simulator.

Rechts oben: Sonar-Konsole des Ortungsmeisters.

Von der Instructorkonsole aus kann Kapitänleutnant Torsten Junker (re.), Leiter des Sea Lynx-Simulators in Nordholz, seinen Flugschülern im Trainingscockpit diverse Szenarien einspielen ...

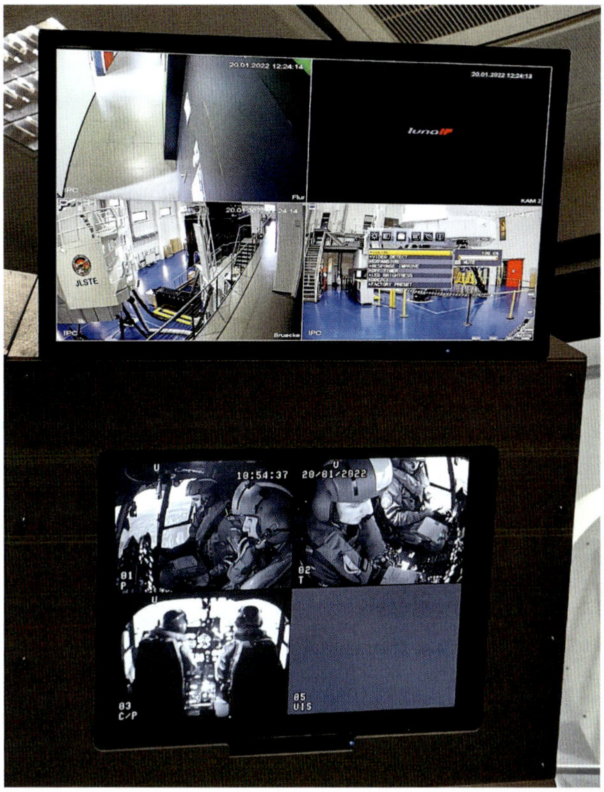

... dabei hat er auf den Überwachungsmonitoren alles im Blick.

oder Heckrotor, Wetterextreme oder ein Versagen des Wechselstromgenerators mit einem schlagartig dunklen Cockpit ... Auch das Üben von Standards wie das Hovern mit dem Sonar-Dom am Kabel gehört zum Simulator-Programm, ebenso Navigation und diverse Einsatztaktiken. Und das unter Einbindung weiterer Elemente wie der eigenen Besatzung sowie weiterer Luftfahrzeuge, Schiffe, Verbände und Landeinheiten. Die Möglichkeiten sind nahezu grenzenlos variierbar.“

Mit dem sehr realitätsnahen Simulator lässt sich eine Vielzahl von Szenarien effizient und unabhängig vom realen Hubschrauber-Betrieb trainieren. Das ist erheblich kostengünstiger, kann unabhängig von der Witterung und Sicherheitsaspekten praktisch rund um die Uhr erfolgen. Gleichzeitig werden die zur Verfügung stehenden Lynxe hinsichtlich ihrer Betriebsstunden geschont.

Der lange Trainingstag im Cockpit der 83+07 endet für Korvettenkapitän Zachau mit diversen Anflügen und Landungen in der Dämmerung – Day into Night-Procedure genannt. Ihr Flugbuch notiert nun einige Eintragungen mehr. Limited Combat Ready lautet die gegenwärtige Befähigung – Einsatzbereit, allerdings mit Einschränkungen.

„Das Pilotieren eines Helikopters ist ohne Zweifel eine der anspruchsvollsten Formen der Fliegerei“, resümiert Korvettenkapitän Zachau nach dem Debriefing in der Offiziermesse der „Bayern“. „So ein Nachtflug mit 120 Knoten über See in 100 Fuß Höhe – ohne optische Referenzpunkte und mit stoischem Blick auf die Instrumente – ist ein harter, aber schöner Job. Er fordert mir abseits aller Top Gun-Klischees in erster Linie Respekt ab. Für Routine und blindes Heldentum gibt es bei uns im MFG 5 keinen Raum. Was hier zählt, und zwar bei jedem einzelnen im Team, ist hochgradige Professionalität.“

Die 83+07 schwebt ein zum Crosslanding, bei dem die Maschine von ihren Piloten quer auf dem Flugdeck angesetzt wird.

40 Jahre später: Die 3. Bordhubschrauberstaffel feiert ihr Jubiläum standesgemäß in der Luft, und zwar mit einer Achterformation.

Historie der 3. Staffel des MFG 3 „Graf Zeppelin“

Die 3. Staffel des MFG 5 – vormals MFG 3 „Graf Zeppelin“ – nimmt unverkennbar eine besondere Position innerhalb der Marinefliegerei in der Deutschen Marine ein. Besonders hinsichtlich ihrer Aufgabenstellung und Fähigkeiten, der Einzigartigkeit ihrer Tradition und auch der selbstbewussten eigenen Wahrnehmung. Wer zu den Bordfliegern gehört, der ist stolz darauf, Teil dieser eingeschworenen Gemeinschaft zu sein. Unbestritten: Teamwork und Kameradschaft in Kombination mit fachlicher Kompetenz und Leistungsbereitschaft sind die tragenden Elemente der schlagkräftigen deutschen Seestreitkräfte. Doch fallen diese Attribute bei dem waffentragenden, mit moderner Technik ausgerüsteten Kampfhubschrauber Westland Sea Lynx Mk 88A und den Soldaten der 3. Staffel in besonderem Maße ins Gewicht.

Flieger und Techniker der Marineflieger stehen in der Regel, wenn sie nicht gerade in der Luft sind, mit beiden Beinen fest auf der Erde. Nun, mit Beschaffung der Lynx und als integrierter Bestandteil auf mittlerweile vier Fregatten-Generationen – den Klassen F 122, F 123, F 124 und F 125 – fiel den Soldaten ein breites, teils vollkommen neues Aufgabenspektrum zu: Jetzt waren sie auch Seeleute mit teils monatelangen Einsätzen auf allen Weltmeeren, waren Kämpfer, Aufklärer, Seenotretter, fliegende Spediteure ...

Um diese Rolle ausfüllen zu können, bedurfte es immenser Vorbereitungen, verbunden mit hohen Vorlaufzeiten, Kosten sowie Personalplanung, Ausbildung und Logistik. Die Planungen dafür begannen bereits Mitte der 70er-Jahre und gingen Hand in Hand mit der Entwicklung dem Projekt „Nato-Frigate for the 1970s“. Daraus entstanden die Fregatten der Klasse F 122, deren Typschiff „Bremen“ 1979 auf

Rechts:
Ein Glas Sekt anlässlich der Landung der 83+03 auf dem Marineflieger-horst in Nordholz.

Kiel gelegt wurde. Als diese erste von insgesamt acht Einheiten am 7. Mai 1982 in Dienst gestellt wurde, war auch eines ihrer wichtigsten Waffen- und Aufklärungssysteme, die Sea Lynx, einsatzbereit.

Zusammengefasst waren die Bordhubschrauber in der 3. Staffel des MFG 3 „Graf Zeppelin", deren Aufstellungsbefehl durch das Bundesministerium der Verteidigung am 24. März 1981 ausgesprochen wurde. Bereits in der Woche zuvor war das Kaderpersonal zum Geschwader nach Nordholz versetzt worden: 30 Offiziere, 19 Portepee-Unteroffiziere sowie ein Unteroffizier und ein Mannschaftsdienstgrad, die in weiten Teilen aus dem seinerzeit in Kiel-Holtenau beheimateten MFG 5 stammten. Erster Staffelkapitän war Kapitänleutnant Arno Jahn.

Ausbildung und Infrastruktur

Nun ging es Schlag auf Schlag: Ein zweimonatiger Lehrgang „Shipborne Helicopter ASW Training for experienced Sea King Pilots" stand in Jacksonville in US-Bundesstaat Florida auf dem Programm. Es folgte am 23. Mai 1981 der Dienstantritt bei der 3. Staffel und am 1. Juli 1981 deren offizielle Aufstellung. In dieser Phase genoss neben der teils in England, teils in den USA stattfindenden Ausbildung vor allem die Herstellung der materiellen Bereitschaft sowie die Einrichtung des Staffelgebäudes die oberste Priorität.

Westland lieferte die ersten drei Sea Lynx ohne das Sonargerät AQS 18 ab. Am 9. September überführten Werkspilot Tom Bowler und Kapitänleutnant Richard Schult die 83+01 nach Lemwerder, wo gleich die Schnittstellenerprobung mit der noch in Bau befindlichen Fregatte „Bremen" durchgeführt wurde. Am Tag darauf landete die erste Lynx Mk 88 in Nordholz, die von Kapitänleutnant Arno Jahn und Kapitänleutnant Wolfgang Hüpscher geflogene, von einer Sea King des MFG 5 begleitete 83+03. Dieselben beiden Piloten überführten am 15. September 1981 auch die 83-04.

Am 1. Oktober 1981 herrschte Feierlaune auf dem Marinefliegerhorst Nordholz. Flottillenadmiral Rudolf Deckert, Kommandeur der Marinefliegerdivision, übertrug die Verantwortlichkeit für die drei Hubschrauber formell vom Bundesamt für Wehrtechnik und Beschaffung auf das MFG 3 „Graf Zeppelin". Gleichzeitig stellte er die 3. Staffel des Geschwaders in Dienst und überreichte dem Kommodore Kapitän zur See Eduard Wismeth das erste Bordbuch im Rahmen des traditionellen militärischen Zeremoniells. Vor den Augen zahlreicher Gäste und der angetretenen Marinesoldaten starteten die 83+03 und die 83+04 anschließend zu einer 15-minütigen Flugvorführung.

Ruppiger Start

Nun nahm die Aufbauarbeit richtig Fahrt auf. Es war klar, dass in der 3. Staffel nicht von vornherein alles rund lief. Noch gab es Lücken im Bereich der Ausbildung, es fehlte an Publikationen, Musterzulassungen und zwischenzeitlich sogar an Triebwerksöl ... Dinge, die in den Griff zu bekommen waren. Auch die Einführung des Tausonars war noch nicht vollzogen und von den Fregatten der Klasse F 122 noch keine einzige Einheit in Dienst gestellt. Die Ausbildung der Soldaten für das vielschichtige Waffensystem Sea Lynx Mk 88 lief auf Hochtouren. Zwei Piloten der 3. Staffel schifften sich im November 1981 auf der italienischen Fregatte „Alpino" ein, um die Einsatzgrundlagen und -bedingungen an Bord kennenzulernen. Kurz vor Weihnachten besuchte der Inspekteur der Bundesmarine Vizeadmiral Ansgar Bethge die Bordfliegerstaffel und zeigte sich am Ende sehr zufrieden mit der bislang geleisteten Arbeit.

Die folgenden Monate waren geprägt vom Zulauf weiterer Maschinen. Als letzte der zwölf Lynx des ersten Loses landete die 83+02 am 27. März 1983 in Nordholz. Zwischenzeitlich kamen Gerüchte auf, dass die Bordfliegerstaffel nach Wilhelmshaven verlegt werden solle, um näher

Rechts unten:
Indienststellung der 3. Staffel und Übergabe des ersten Bordbuchs von Flottillenadmiral Rudolf Deckert an den Kommodore des MFG 3 „Graf Zeppelin", Kapitän zur See Eduard Wismeth.

an der Flotte zu sein. Tatsächlich gab es derartige Überlegungen in Politik- und Militärkreisen, die letztendlich im Sande verliefen.

Am 27. Juni 1983 stieß Oberleutnant zur See Dieter Sandforth – frisch zum Hubschrauberpiloten ausgebildet in Fort Rucker im US-Bundesstaat Alabama und in Ahlhorn beim HTG 64 – zur 3. Staffel. Er gilt als eines der Urgesteine der Bordfliegerstaffel. In seinem Flugbuch sammelten sich bis zu seiner Pensionierung im Mai 2014 exakt 4585 Stunden im Lynx-Cockpit an.

„Wir schlugen damals gleichzeitig mit sechs frisch ausgebildeten jungen Piloten in der 3.Staffel auf", erinnert sich Fregattenkapitän a.D. Dieter Sandforth. „Wir waren voller Tatendrang und gespannt, was uns in den nächsten Jahren alles erwarten würde. Der Umstieg von der Bell UH-1D auf ein wesentlich leistungsstärkeres Hubschraubermuster hat mich damals am meisten begeistert und fasziniert. Es war ein Umstieg wie vom Volkswagen auf einen Porsche!"

Der Aufbau und die damit verbundene Integration einer Hubschrauberstaffel in das Marinefliegergeschwader 3 „Graf Zeppelin" gestaltete sich auch über viele Jahre noch schwierig und in vielen Bereichen durchaus problembehaftet. Schließlich war man seit dem Jahr 1965 – zunächst noch mit der Fairey Gannet und in der Folge mit der Breguet Atlantic – ein reines Flächenfliegergeschwader gewesen. In den Köpfen der Entscheidungsträger auf den Führungsebenen standen die „Drehflügler" bei Beschaffungsprozessen nicht immer an erster Stelle.

Tag der offenen Tür auf dem Stützpunkt in Nordholz, zwei Lynx-Helikopter stellen die Insignien der 3. Staffel aus ungewohnter Perspektive vor.

Links: Praktische Eindrücke von der Bordfliegerei auf der italienischen Fregatte „Alpino" wurden gesammelt.

Links unten: Marineinspekteur Vizeadmiral Ansgar Bethge beim Besuch „seiner jüngsten Einheit".

Die Integration der Hubschrauber in den Flugbetrieb stellte vor allem die Flugsicherung vor enorme Herausforderungen. Bei den Trainingsflügen – ob in der Platzrunde nach Sichtfluregeln oder bei Instrumentenanflügen – waren jetzt platzeigene und im Vergleich zu den Flächenflugzeugen langsamer fliegende Hubschrauber mit dabei und erforderten neue Abläufe und Staffelungen. Es bedurfte einer jahrelangen Aufklärungsarbeit, dass ein Hubschrauber ein überaus wendiges und agiles Fluggerät ist und beispielsweise eine Startfreigabe mit gleichzeitigem Queren der Runway auch noch möglich war, wenn sich eine Breguet Atlantic im langen Endanflug näherte.

Die Kadercrew für die Sea-Lynx stellte das Marienfliegergeschwader 5. Diese Luftfahrzeugführer verfügten allesamt über fundierte Kenntnisse vorrangig im Bereich von SAR-Flügen über See. Die Komponente Bordflugbetrieb – mit Landungen bei Tag und Nacht auf sich bewegenden Plattformen – sowie die Bereiche Überwasserkriegsführung und U-Bootjagd waren dabei nicht abgedeckt. Diese wurden vorrangig in zeitintensiver Eigenarbeit oder im Austausch mit den Nato-Partnern erarbeitet. Heutzutage ist es z.B. unmöglich, bei einem neuen Schiffstyp die Windlimits – SHOL = Ship Helicopter Operating Limits – und Roll- und Stampfwinkel für Deckslandungen ohne aufwendige Modellberechnungen, Computersimulationen und Flügen mit Testpiloten zu erhalten. Für die neu in Dienst gestellten Fregatten vom Typ 122 wurden diese durch Piloten der Kadercrew „erflogen". Durch Veränderungen unter anderem der relativen Windgeschwindigkeiten und -richtungen unter Einbeziehung der Schiffsgeschwindigkeiten und des Abfluggewichts wurde sich an die Grenzwerte des Leistungsvermögens und Steuerbarkeit des Hubschraubers herangetastet.

Fregattenkapitän a. D. Dieter Sandforth erflog in drei Jahrzehnten 4585 Flugstunden auf der Sea Lynx.

Das fliegerische Vorschriftenwesen – ob für den Ausbildungsflugbetrieb oder für den Bordflugbetrieb – musste aufgrund einer fehlenden Vergleich- und Übertragbarkeit in vielen Bereichen innerhalb der Marineflieger neu erstellt werden. Das hatte zur Folge, dass in den ersten Jahren ein Flugauftrag über See durchaus mal keine exakten und strengen Angaben bezüglich der durchzuführenden Inhalte enthielt, was für die Piloten durchaus ein „Highlight“ war.

Das allgemeine, für alle fliegenden Waffensysteme der Marine gültige Flugbetriebshandbuch, war für den Flugbetrieb auf der nördlichen Halbkugel ausgelegt. „Meine Deckslandeausbildung Nacht habe ich damals auf der ersten Langzeiteinschiffung eines Hauptabschnitts 500 auf der ‚Niedersachsen‘ im September 1984 bekommen“ erinnert sich Fregattenkapitän a.D. Dieter Sandforth. „Die Fregatte stand damals im Seegebiet Bab-el-Mandab unmittelbar vor der Einfahrt in den Golf von Aden. Bei hoher Luftfeuchtigkeit, einer Wassertemperatur von 30 Grad und einer Lufttemperatur nach Sonnenuntergang ebenfalls noch über 30 Grad flogen wir getreu nach der gültigen und noch nicht angepassten Vorschriftenlage für Nachtflüge über See. Das hieß: Lange feuerfeste Fliegerunterwäsche plus Unteranzug ‚Wattemann‘ plus Kälteschutzanzug MK10.“

Heute sind die Vorschriften in allen Bereichen den Einsatzerfordernissen und klimatischen Besonderheiten angepasst und erlauben den fliegerischen Vorgesetzten Ausnahmen in Einklang an vorherrschende Rahmenbedingungen. Sehr großzügig ausgelegt ist heutzutage auch der Ausgleich für „in See“ verbrachte Tage, dieser sieht in bestimmten Fällen einen 1 zu 1-Freizeitausgleich vor. Für die damalige vier Monate dauernde Einschiffung erhielt die Besatzung insgesamt nur vier freie Tage, pro Monat einen Tag „zum Erhalt der Dienstfähigkeit.“

Bei der erforderlichen und notwendigen Integration der 20-köpfigen Bordhubschrauberkomponente in den Dienstbetrieb an Bord trafen durchaus über viele Jahre zwei Welten aufeinander. Allein schon die in der Anfangszeit noch an Bord getragenen orangefarbenen Fliegerkombis sorgten bei den Seefahrern in ihrer blauen Dienstbekleidung für Aufregung, die sich erst mit den blauen Fliegerkombis – nach einer Übergangsphase mit grünen Kombis – legte.

Mit Einschiffung des Hauptabschnitts 500 mussten die Bordbesatzung teils schmerzhafte Einschnitte in vielen Bereichen hinnehmen, beispielsweise bei der Nutzung des Hangars als Musterungsplatz oder Sportstätte. Allein schon die Unterbringung erforderte ein Umplanen bei der Belegung von Kammern. Nutzer einer Einzelkammer waren dann nicht mehr allein, andere mussten innerhalb des Decks umziehen. Fragestellungen wie „Gilt dies nur für Langzeiteinschiffungen oder auch schon bei einer einwöchigen Deckslandeausbildung?“ beschäftigten die Verantwortlichen über Jahre bei den Koordinierungsgesprächen.

In diesem Zusammenhang tauchte auch die Frage nach dem Sinn der Einhaltung der „Flugdienst- und Ru-

Rechts unten: ASW-Training mit U 24 in der Ostsee.

Es war ein langer Weg von den ursprünglichen Planungen über die erste gelieferte Sea Lynx Mk 88 bis hin zum ersten Einsatz an Bord der Fregatte „Bremen“.

hezeiten“ nur für fliegendes Personal auf. Diskussionen über Thematik „Warum gibt es keine gesetzlichen Regelungen für den Wachoffizier auf der Brücke, der hat doch auch einen verantwortungsvollen Job?“ wurden regelmäßig in der Messe geführt. Noch heute sorgt dann das damals aufgekommene geflügelte Wort „Eight hours unbroken rest – und die Nacht zählt extra“ bei den alten Seefahrern stets noch für ein Schmunzeln. Heute sorgen vor allem der größtmögliche Verzicht auf Durchsagen zu bestimmten Zeiten sowie die Anpassung von schiffsseitigen Übungsaktivitäten für das konfliktfreie Zusammenleben von Fliegern und Seefahrern hinsichtlich der Einhaltung von Ruhezeiten.

Dass Fliegen nicht nur Spaß macht, sondern auch von Zeit zu Zeit mit Anstrengungen und Entbehrungen verbunden ist, sollte an dieser Stelle noch einmal Erwähnung finden. Daher erhält das fliegende Personal – gestaffelt nach Luftfahrzeugtyp – eine nicht unerhebliche Fliegerzulage. Für Einschiffungen - mit beengter Unterbringung, langer Abwesenheit von zuhause und ein Verlust der Privatsphäre – erhalten die Bordfahrer ebenfalls eine Aufwandsentschädigung in Form der Bordzulage. Somit erstaunte es nicht, dass der Ruf der Flieger ebenfalls nach einer Bordzulage zumindest für den Zeitraum der Anwesenheit an Bord aufkam.

Gesetzliche Regelungen der Bundeswehr erlaubten aber nicht die gleichzeitige Auszahlung von zwei Aufwandsentschädigungen. Ein diesbezügliches jahrelanges zähes Ringen und Verhandeln endete schließlich damit, dass auch das fliegende Personal offiziell in den Genuss einer Bordzulage kam und zwar mit dem schlanken Satz im Gesetz: „Eingeschiffte fliegendes Personal erhalten Fliegerzulage plus Bordzulage minus Bordzulage!“ Also blieb alles beim Alten!

„Trotz der in vielen Bereichen in den Anfangsjahren aufgetretenen Schwierigkeiten hat die Fliegerei enormen Spaß gemacht“, blickt Fregattenkapitän a.D. Dieter Sandforth auf seine Lynx-Karriere zurück. „Flugstunden standen damals noch in ausreichendem Maße zur Verfügung, ein Jahresdurchschnitt von 300 Stunden und mehr, davon 80 Nachtflugstunden, waren keine Seltenheit.

Obwohl wir in der Anfangszeit teilweise Einschiffungen von 250 Tagen pro Jahr hatten, haben uns die Einsätze im Nato-Einsatzverband und bei Ausbildungsfahrten in außerheimischen Gewässern für vieles entschädigt. Viele Ecken und Kanten aus der ‚Gründerzeit‘ haben sich längst rundgeschliffen. Der Hauptabschnitt 500 ist heutzutage ein integraler Bestandteil der Fregatten und Einsatzgruppenversorgern geworden.“

Verladung der 83+04 in eine Transall 1984 zum Rücktransport von einem Einsatz im Mittelmeer nach Nordholz.

Und auch so was gab es damals, in der guten alten Zeit: Eigentlich hatten die beiden Piloten im Juni 1987 nur einen kurzen freundschaftlichen Vorbeiflug an der norwegischen Fregatte „Bergen“ im Rahmen einer Aufklärungsmission im Nato-Einsatzverband vor. Der Brückenoffizier der Kongelige Norske Marine gab zum Spaß in der Brückennock die Einwinkzeichen eines Flugdeckoffiziers. Mit der Reaktion der BHS-Besatzung hatte er offenbar nicht gerechnet: Aus dem leichten Vorwärtsflug wurde innerhalb kürzester Zeit ein Rückwärtsflug mit 15 Knoten parallel zum vorderen Geschützturm. Sekunden später – streng den Zeichen des Brückenoffiziers folgend – wurde die Sea Lynx Mk 88 mittig mit dem Fahrwerk auf der 3“-Zwillingskanone abgesetzt. Trotz des Überraschungseffektes gelang seitens der Brückenbesatzung ein fotografisches Zeitdokument. Noch am selben Tag erhielt der Turm eine – für alle fliegenden Besatzungen des Einsatzverbandes weit sichtbare – Kennzeichnung als Landeplatz mit dem weißen „H“. In der Folge führte dies bei den anderen Einheiten zu erstaunten Nachfragen und Begehrlichkeiten, so dass auch die portugiesische Fregatte „Vasco Da Gama“ am Ende des Einsatzes ebenfalls mit einem legal erworbenen „H“ auf dem vorderen Geschützturm aufwarten konnte.

Kurios: Landung auf dem Geschützturm der norwegischen Fregatte „Bergen“.

Löschübung mit der
Feuerwehr des Flieger-
horstes Nordholz ...

Flugunfälle – den höchsten Sicherheitsstandards zum Trotz

Sicherheit und ein unfallfreier Flugbetrieb stehen an oberster Stelle bei allen drei Teilstreitkräften der Bundeswehr. Sichergestellt wird dies durch die Bereitstellung zuverlässiger Luftfahrzeuge, regelmäßige technische Kontrollen und Wartungsarbeiten in kurzen Intervallen. Ebenso entsprechende Schulungen für das fliegende Personal und die Bodencrews. Eine weitere tragende Säule der Flugsicherheit ist die reibungslose Arbeit von Meteorologen sowie der Flugleitung bei der Boden- und Luftraum-

... und medizinische Erstversorgung durch die Sanitätsstaffel des Stützpunktes.

Das Heck abgebrochen, der Rotor ein Totalschaden: erst 40 Monate später war die 83+04 wieder flugklar.

überwachung – und nicht zu vergessen die permanente Einsatzbereitschaft der Löschkräfte auf den Schiffen und Fliegerhorsten.

Die Konstruktion der Sea Lynx gilt als ausgereift und äußerst robust. Doch trotz bester Vorkehrungsmaßnahmen sind Flugunfälle aufgrund technischer oder menschlicher Ursachen – das zeigt die Geschichte der Fliegerei – niemals zu hundert Prozent ausgeschlossen. Auch die Bordfliegerstaffel des MFG 3 war in den vergangenen vier Jahrzehnten von leichten bis hin zu schwerwiegenden Havarien betroffen.

Glimpflicher Crash während der Ausbildung

So verunglückte die 83+04 während eines Ausbildungsflugs am 14. März 1988 in Nordholz. Was war geschehen? Trainiert wurde die Situation eines Triebwerkausfalls im Schwebeflug. Dabei zog der Fluglehrer eine der beiden Rolls-Royce-Turbinen in den Leerlauf. Durch den Flugschüler wurde der Sinkflug eingeleitet und Vorwärtsgeschwindigkeit eingenommen. In der Folge kam

Während eines missglückten Ausbildungsmanövers sackte die Lynx durch und blieb auf der Seite im Gras neben der Rollbahn liegen.

Gedenkappell in Nordholz aus Anlass der während eines SAR-Einsatzes verunglückten 83+01.

es dann zu einem Verlust der Rotordrehzahl. Beim Versuch des Fluglehrers, den Hubschrauber auf dem Rollweg abzusetzen, schlug zunächst ein Rotorblatt in die Heckrotorantriebswelle ein. Nach dem dann folgenden Abriss aller vier Rotorblätter setzte die Sea Lynx hart auf, überschlug sich und blieb schwer beschädigt auf der Seite neben dem südlichen Rollweg des Fliegerhorstes liegen. Der Fluglehrer wurde dabei verletzt.

Nach detaillierter Schadens- und Ursachenermittlung übernahm Messerschmitt-Bölkow-Blohm die Maschine im Dezember 1988 zur Bruchinstandsetzung. Erst am 3. Juli 1991 – nach zweieinhalbjährigen Reparaturarbeiten – kehrte die 83+04 einsatzbereit nach Nordholz zurück.

Kollision mit Hochspannungsleitung – zwei Tote

Gleich zweifach tödlich endete ein SAR-Einsatz der 83+01 am 3. Dezember 1993. Die zu diesem Zeitpunkt auf Helgoland stationierte Maschine war nach einem zivilen Verkehrsunfall in der Nacht im Inseldorf Kampen auf Sylt gerufen worden. In offenbar selbstmörderischer Absicht, wie die Presse später vermeldete, war in der Nacht ein Mann auf einen parkenden Lkw gefahren und überlebte schwerverletzt.

Der Patient musste schnellstmöglich ins Kreiskrankenhaus Heide geflogen werden. Die nächtlichen Sichtverhältnisse mit Sprühregen und einer tiefhängende Wolkendecke waren alles andere als gut. Der Pilot wählte eine niedrige Flughöhe über das Wattenmeer entlang der Westküste Schleswig-Holsteins zur Halbinsel Eiderstedt und anschließend auf direktem Kurs nach Heide. Schnell musste es gehen, denn der Sauerstoff für die Notbeatmung ging bereits zur Neige. Noch bei Dunkelheit frühmorgens um 6.39 Uhr touchierte die Sea Lynx in 27 Metern Höhe mit dem Fahrwerk eine Hochspannungsleitung – rund acht Kilometer vor dem Ziel, nahe dem Dorf Hasenbüttel. 60 000 Volt führte die Leitung.

Kurz nach der Notlandung ging die Sea Lynx in Flammen auf. Die beiden Piloten sowie der Notarzt konnten sich zum Teil schwerverletzt aus der Sea Lynx retten. Dabei kamen der Notfallpatient sowie der 40-jährige Ortungsmeister, Hauptbootsmann Klaus Schüür, ums Leben.

Das MFG 3 „Graf Zeppelin“, allen voran sein Kommodore Kapitän zur See Wolfgang Müther, nahm sechs Tage nach dem Unfall mit einem Trauerapell Abschied von seinem im Rettungseinsatz gestorbenen Kameraden. Zum Gedenken an Hauptbootsmann Schüür waren ausnahmslos alle Soldaten und Zivilangestellte in der Hubschrauber-Waschhalle angetreten, zwei Lynx-Hubschrauber flankierten den Eingang. Einzig der Wachdienst im Stützpunkt Nordholz wurde noch aufrechterhalten.

Die Notschwimmeinrichtung hielt die 83+16 an der Wasseroberfläche und erleichterte der Besatzung den Ausstieg.

Vor Brasiliens Küste auf Tiefe gegangen

Im Jahr darauf, am 30. Januar 1994, ging vor der brasilianischen Küste in Höhe von Porto Alegre eine weitere Lynx verloren. Die 83+16 war Teil des im Südatlantik operierenden Übungsverbandes DESEX 1/94, bestehend aus den Fregatten „Bremen“ und „Emden“, dem Versorger „Freiburg“ und dem Tanker „Rhön“. Nach Abbruch eines Landeanfluges auf das Flugdeck beim Üben eines Notverfahrens kam es zu einem Verlust der Rotordrehzahl. In der Folge wurde der Hubschrauber kontrolliert hinter der Fregatte notgewassert.

Beim Kontakt mit der Wasseroberfläche aktivierte sich das Four-Bag-Flotation-System – die Notschwimmeinrichtung – automatisch. Dadurch wurden der dreiköpfigen Besatzung der Ausstieg und ihre anschließende Bergung mittels eines Schlauchboots der „Bremen“ wesentlich erleichtert.

Verletzt wurde niemand. Ein anschließender Versuch zur Bergung der Sea Lynx durch die „Freiburg“ schlug fehl. Zwar gelang es dem Versorger zunächst, den treibenden Havaristen mittels einer starken Leinenverbindung zu sichern, doch nach fünf Stunden ging die 83+16 unwiederbringlich auf Tiefe.

Rechts Mitte: Alle Bergungsversuche durch den Versorger „Freiburg“ waren vergebens, nach fünf Stunden versank die Lynx.

Rechts unten: Mit dem Schlauchboot der „Bremen“ konnten die drei Crew-Mitglieder zügig in Sicherheit gebracht werden.

Tödliches Drama im Mittelmeer

Es war eine Standardübung innerhalb des ständigen Einsatzverbands der NATO im Mittelmeer, die am 30. Oktober 1999 in einem tödlichen Unfall und dem Totalverlust der 83+08 mündete: Um 22 Uhr hob der Hubschrauber von Bord der Fregatte „Augsburg" ab. Etwa zeitgleich brachte der Zerstörer „Liverpool" der Royal Navy einen EMATT aus, einen dynamischen U-Boot-artigen Tauchkörper für Trainingszwecke. Aufgabe der deutschen Lynx-Besatzung war es, den „Köder" mittels Tauchsonar aufzuspüren.

Um 22.15 Uhr erfolgte der erste Dip. Die 83+08 hoverte auf 40 Fuß, der Transducer wurde auf 20 Meter Wassertiefe gefahren. Nach dem Verlassen des stationären Schwebeflugs und dem Übergang in den Steigflug mit Fahrtaufnahme schlug der Hubschrauber bei einem Kurvenflug auf der Wasseroberfläche auf.

Wie Ortungsmeister Hauptbootsmann Simon Philipp später zu Protokoll gab, schlug die Maschine absolut ohne eine spürbare Vorwarnung und mit einem nicht zu beschreibenden Krachen – mit 60 Knoten und 20 Grad Schräglage nach links – auf die Wasseroberfläche: „Ich merkte sofort, dass ich komplett unter Wasser war. Absolute Dunkelheit. Keine Notlichter, Lampen oder Lichtquellen. Ich zog die Beine an, schnallte mich los und drückte mich rücklings mit den Beinen aus der Kabine. Nach dem Aktivieren der Schwimmweste schoss ich an die Wasseroberfläche und blickte direkt auf den Piloten, der gerade in sein Rettungsboot kletterte. Überall um uns rum trieben Bruchstücke der Maschine, wir waren umgeben von Öl und Flugkraftstoff. Der Pilot feuerte Signalmunition ab und rief dazwischen immer wieder den Namen des Copiloten, erhielt aber keine Antwort." Nach rund einer Viertelstunde traf das Speedboat der „Augsburg" ein und rettete die beiden verletzten Marineflieger aus dem Mittelmeer wenige Seemeilen südlich von Sizilien. Auf dem linken Sitz im Cockpit saß François Senée, der im Rang eines Lieutenant de Vaisseau der französischen Marineflieger für drei Jahre als Austauschpilot in der 3. Staffel fliegen sollte. Er überlebte den Absturz nicht, blieb zunächst verschollen. Zu einem bewegenden Moment wurde die Trauerfeier für den 33-jährigen Franzosen am 5. November 1999 in Nordholz. In Anwesenheit der Familie sowie deutschen und französischen Marinefliegern verliehen ihm die beiden Admiräle Alain Béreau und Klaus-Dieter Fritz posthum den Orden „Chevalier de la légion honneur" sowie das Ehrenkreuz der Bundeswehr.

Die sterblichen Überreste von François Senée wurden am 3. Dezember 1999 gefunden und nach Frankreich überführt. Auch das Wrack der 83+08 konnte mittels eines Tauchroboters in 540 Metern Tiefe lokalisiert und anschließend geborgen werden. Bei der anschließenden Untersuchung konnte eine technische Unfallursache nicht ermittelt werden. Im offiziellen Abschlussbericht heißt es: „Aufgrund einer fixierten Aufmerksamkeitsverteilung erkannte der steuerführende Luftfahrzeugführer den eingetretenen Sinkflug nicht."

Trotz akribischer Untersuchung der Trümmerteile blieb die Unfallursache ungeklärt.

Links oben:
Monate später wurde das Wrack der 83+08 aus 540 Metern Tiefe geborgen.

Links unten:
Lieutenant de Vaisseau François Senée (Mitte), Austauschpilot der französischen Marineflieger, wenige Tage vor dem Unfall mit seinen deutschen Kameraden auf dem Flugdeck der Fregatte „Augsburg".

Verladen der havarierten 83+02 mittels Schwerlastkran auf den Tieflader.

Sicherheitslandung vor der Haustür

Nach Beendigung einer Trainingsmission auf dem Truppenübungsplatz Altenwalde legte die Crew der 83+02 am 4. Februar 2000 beim geplanten Rückflug zum Fliegerhorst Nordholz eine Sicherheitslandung hin.

Beim Durchfliegen einer Waldschneise hatte der Rotor Baumberührung bekommen und war beschädigt worden. Verletzt wurde niemand bei dieser Havarie. Zügig wurde die Sea Lynx verladen und mittels Tieflader zum Stützpunkt transportiert. Schlechter hingegen erging es dem zum Crash-Zug gehörenden 32-Tonner der Fliegerhorst-Feuerwehr. Der wühlte sich im morastigen Untergrund fest bis auf die Achsen und konnte erst Tage später mittels Betonplatten und erheblicher Mengen Füllsand geborgen werden.

Rechts oben: Unbemannt hing die Sechs-Mann-Rettungsinsel am Heck des treibenden Helikopters.

Rechts unten: Kurz nach dieser Aufnahme reichte der Auftrieb des Four-Bag-Flotation-Systems nicht mehr aus und die 83+14 versank.

Rettung durch Lynx der Royal Dutch Navy

Knapp zwei Wochen später endete eine Havarie ebenfalls ohne verletzte Personen, aber mit dem Totalverlust einer weiteren Sea Lynx. Am Nachmittag des 16. Februar 2000 war die 83+14 in der Karibik im Rahmen der Counter Drugs Operation von Bord der „Niedersachsen" gestartet. Alles lief normal, die vierköpfige Besatzung erstellte auftragsgemäß ein Lagebild der ihr zugewiesenen Area an die Fregatte. Hauptbootsmann Christian Pensel, der Ortungsmeister, berichtete anschließend authentisch über die dramatische Notwasserung:

„... wir waren in 200 Fuß Höhe mit 60 Knoten Geschwindigkeit im Anflug auf einen Frachter, da gab es einen lauten Knall, kurz darauf einen leiseren und dumpferen Knall. Gleichzeitig sah ich aus dem Augenwinkel etwas Großes mit einem pfeifenden Geräusch an meiner Seite vorbeifliegen, ein 40 Zentimeter langes Rotorblattfragment. Gleichzeitig setzten sehr starke Vibrationen ein, dazu ein ekelhaft pfeifendes Geräusch. Vorne im Cockpit rief Schrödel zu Jack: ‚Wir ditchen – Hau einen Mayday-Call raus!' Alle blieben auf professionelle Weise ruhig. Keine Angst, keine

Panik – wir waren mit Adrenalin vollgepumpt. Ich überlegte, wie wir unten wohl ankommen würden: Zerlegen wir uns oder drehen wir uns auf den Kopf?

Das Wasser kam unaufhaltsam näher. Platsch! Jack nahm die Triebwerke raus, der Rotor stand innerhalb von zwei Sekunden. ‚Raus, raus, raus!' Die Lynx machte eine Nickbewegung nach rechts vorne. ‚Scheiße, jetzt rollt sie', dachte ich, doch dann stabilisierte sie sich. Ich schmiss die Sechs-Mann-Rettungsinsel aus der Kabine und schickte Sebastian – dessen Stehhaltegurt sich zunächst verfangen hatte – hinterher.

Schön warm und salzig, so meine ersten Gedanken im Wasser. Ich wollte die Rettungsinsel aktivieren, aber die trieb – durch eine Leine mit dem Hubschrauber verbunden – für mich unerreichbar davon. Also löste ich meine Rettungsweste und mein Schlauchboot aus und paddelte zu meinen drei Kameraden. In der Gruppe entstand sofort ein Gefühl der Sicherheit. Wir banden die Schlauchboote aneinander, Schrödel schaltete das Notfunkradio an und schoss einen Flare ab.

Dann hörten wir das typische Geräusch einer Lynx. Schrödel schoss noch einen Flare, da sahen wir sie schon auf uns eindrehen. Die ‚Turtle' von der zu unserem Verband gehörenden niederländischen Fregatte ‚Van Speijk'. Zuerst wurde Sebastian aufgewinscht.

Beim nächsten Run war ich dran. Die Schlinge kam runter, ich legte sie mir um und gab das Klarzeichen. Oben angekommen, erkannte ich den holländischen Operator, den ich erst vor ein paar Tagen kennengelernt hatte. Wir gaben uns Five und das Wasser meiner Handschuhe spritzte dabei bis ins Cockpit ..."

Mit neun Personen und diversen zuvor geladenen Postsäcken war die Sea Lynx der Royal Dutch Navy nun in der Luft, drehte eine letzte Ehrenrunde über der 83+14, die kurz darauf 33 Kilometer westlich der Niederländischen Antillen 1300 Meter tief in der Karibik versank. Ihre Besatzung wurde kurz darauf von der „Turtle" an die „Bremen" übergeben. Die sofort eingeleitete Untersuchung der vier Männer durch den Schiffsarzt blieb ohne Befunde.

Friendly Fire

Eine Lynx-Havarie der besonderen Art ereignete sich am 21. April 2001 in englischen Gewässern. Die Fregatte „Emden" beteiligte sich am Basic Operation Sea Training, kurz BOST genannt, der Royal Navy. Zeitgleich mit der britischen Fregatte „Montrose" sollte sie in See Kraftstoff übernehmen. Während beide Schiffe mit verminderter Fahrt den Versorger ansteuerten, änderte die „Montrose" aufgrund eines Ruderversagers plötzlich auf Hart Steuerbord.

Mit ihrem Steven rammte die 133 Meter lange Fregatte das Heck der „Emden" an Backbord und räumte achterlich des Hangars die Reling ab. Doch viel schlimmer: Auf dem Flugdeck stand die 83+05 mit drehendem Rotor. Der touchierte die stählerne Nase der „Montrose" und zog dabei zwangsläufig den Kürzeren: Die Spitzen der Rotorblätter waren zum Herrn. Unmittelbar vor der Kollision hatte der FDO mit dem Warnruf „Braze, Braze, Braze!" die Besatzung und das Flugdeckpersonal noch in den sicheren Hangar beordern können. Verletzt wurde niemand durch die zahlreich herumfliegenden Trümmerteile. Die 83+05 verblieb für den Rest des Manövers im Hangar.

Reichlich Schaden am Helideck der „Emden" und dem Lynx-Rotor.

Zertrümmerte Rotorblattspitze.

Die Besatzung der 79+61 leitet in der Außenjade ein Manöver mit der Bergewinde ein.

Generationswechsel: Von der Lynx zum Tiger

Nach über vier Jahrzehnten intensiver und erfolgreicher Nutzung neigt sich die Ära der Sea Lynx Mk 88A bei den deutschen Marinefliegern dem Ende entgegen. Die rasanten Entwicklungen auf dem technischen Sektor, aber auch zunehmende Zähigkeit und Kostensteigerungen bei der Ersatzteilversorgung machen einen Generationswechsel unumgänglich. Mit dem Mehrzweckhubschrauber vom Typ NH 90 MRFH Sea Tiger steht bereits ein Nachfolger in den Startlöchern. Der wird zurzeit beim Planungsunternehmen NH Industries entwickelt und qualifiziert. Beim Hersteller Airbus Helicopters Deutschland hat die Fertigung bereits begonnen. Mit dem Zulauf der ersten Exemplare rechnet das MFG 5 im Herbst 2025. Konzipiert und konstruiert wurde der NATO-Helicopter 90 von dem internationalen Industriekonsortium NH Industries, bestehend aus der Airbus Helicopters-Gruppe mit einer Mehrheitsbeteiligung, außerdem den Unternehmen Leonardo Helicopters und Fokker. Der Entwicklungs- und Industrieverbund wurde 1992 gegründet und hat seinen

Blick ins NH 90-Cockpit.

Seit 2006 fliegt der NH 90 in der Variante TGEA bei den Heeresfliegern.

Sitz in Aix-en-Provence in Frankreich. Initiatoren hinter dem Projekt waren die Nationen Deutschland, Frankreich, Italien und die Niederlande. Die Arbeiten daran hatten bereits in den 80er-Jahren begonnen.

Beim NH 90 handelt es sich um einen Transporthubschrauber in der Gewichtsklasse von 9 bis 13 Tonnen. Ziel von Politik, Industrie und Militär war es, einen modular erweiterbaren Standardhubschrauber für die NATO-Mitgliedsstaaten bereitzustellen, der eine Plattform für viele verschiedene Einsatzarten bildet. So entstanden die Versionen TTH, Taktischer Transporthubschrauber, und der NATO-Frigate Helicopter, kurz als NFH bezeichnet.

Als leichter allwetter- und nachtflugtauglicher Mehrzweckhubschrauber für Heer und Marine besitzt der NH 90 ein baukastenartiges Konzept, das mit rollenspezifischer Ausrüstung für verschiedene Missionen angepasst werden kann. Am 18. Dezember 1995 absolvierte der erste Prototyp seinen Jungfernflug, vier Jahre später hob die Marine-Variante erstmals vom Boden ab. 2000 wurde der Serienvorbereitungs- und Serienfertigungsvertrag mit den Gründungsnationen geschlossen. Seit 2006 liefert NH Industries die Maschine kontinuierlich aus.

Vom Lion zum Tiger

Die ursprüngliche Version NFH für die Seestreitkräfte und den schiffsgestützten Einsatz als Bordhubschrauber wurde ab 2010 an die Seestreitkräfte der Niederlande und Frankreichs ausgeliefert. Als weitere Abnehmer kamen die Marinen Spaniens, Italiens, Norwegens, Katars sowie Australiens hinzu. Aus der NFH-Version leitete man für die Deutsche Marine den Naval Transport Helicopter – NTH – Sea Lion ab, der von Airbus Helicopters in Donauwörth gebaut wird. Basierend auf dieser Version entsteht der Sea Tiger.

Am 27. Mai 2020 übernahmen die Marineflieger offiziell die ersten drei Mehrzweckhubschrauber vom Typ NH 90 NTH Sea Lion vom Bundesamt für Ausrüstung, Informationstechnik und Nutzung der Bundeswehr. Zum Jahresbeginn 2023 waren alle 18 Maschinen mit einem Gesamtinvestitionsvolumen von knapp 1,4 Milliarden Euro ausgeliefert. Der Anfangsflugbetrieb und die intensive Einsatzprüfung für das Waffensystem als Teil der integrierten Nachweisführung laufen auf Hochtouren. Der Sea Lion soll

Deckslandung eines Sea Lion auf dem Einsatzgruppenversorger „Bonn“.

den Sea King ab Sommer 2023 schrittweise ablösen und dessen Aufgaben als Bordhubschrauber für die Einsatzgruppenversorger, für den maritimen Such- und Rettungsdienst in Nord- und Ostsee, Transportaufgaben und die Seeraumüberwachung vollständig übernehmen.

Im Rahmen eines 2,7 Milliarden Euro schweren Beschaffungsvertrags wurden mit der Verabschiedung des Bundeshaushalts 2021 durch den Bundestag die Mittel für den Kauf von 31 Exemplaren eines Mehrrollenfähigen Fregattenhubschrauber, abgekürzt MRFH, bereitgestellt. Hinter dieser Bezeichnung verbirgt sich der Lynx-Nachfolger Sea Tiger. Der Hubschrauber ist grundsätzlich mit dem Sea Lion technologisch identisch, beide unterscheiden sich aber in den Missionsausrüstungen stark voneinander. Im Budget enthalten sind übrigens auch die Kosten für Zubehör, Ersatzteile und Ausbildungsmittel.

Modernste Technologien

Bei der Herstellung des Rumpfs greift der Hersteller überwiegend auf hochbelastbare Faserverbundwerkstoffe auf Kohlenstofffaser-Basis zurück. Lediglich besonders stark beanspruchte Teile entstehen aus Metall. Durch diese Bauweise wird das eigene Radarecho deutlich reduziert und erheblich Gewicht eingespart. Zudem spielt das Thema Sicherheit eine große Rolle: So übersteht die Zelle mit ausgefahrenem Fahrwerk Abstürze mit einer Sinkrate von 10,6 Metern pro Sekunde. Dabei verformt sie sich kontrolliert und bietet der Besatzung bestmöglichen Schutz. Außerdem ist dieser Werkstoff gegenüber konventionellem Metall deutlich resistenter gegen Korrosion in einem salzhaltigen maritimen Umfeld.

Sämtliche Systeme des Sea Tigers werden digital gesteuert und überwacht. Die Dateneingaben des Piloten werden über eine vierfach redundante Fly-by-Wire-Technologie

Stippvisite: NH 90-Bordhubscharuber der französischen Fregatte „Aquitaine“ auf dem Flugdeck der „Mecklenburg-Vorpommern“.

FLIR – vorausschauendes Infrarot-Sichtgerät in der Nase des Rumpfs.

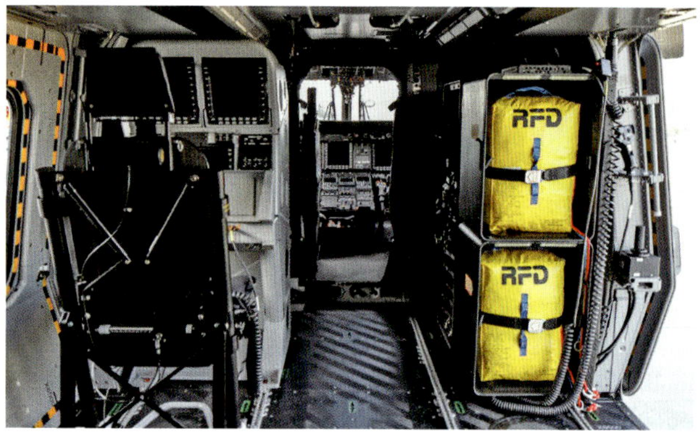

Rechts von oben nach unten:
Das NH 90-Cockpit ist ein mit modernster Digitaltechnik ausstaffierter Arbeitsplatz.
Linkerhand die taktische Konsole des Ortungsmeisters in der Kabine.
Rotorkopf, Hauptgetriebe und darunter eine der beiden Rolls-Royce-Wellenturbinen.
Die mögliche Bewaffnung des Sea Tigers wird aus Torpedos, Seeziel-Flugkörpern und einem Maschinengewehr bestehen.

an den Flug- sowie den Aktuator-Kontrollcomputer übermittelt. Der Autopilot arbeitet komplett rechnergestützt. Ein manuelles Eingreifen des Flugzeugführers ist während des Marsch- und Schwebeflugs nicht erforderlich. So wird die Arbeitsbelastung der Crew deutlich reduziert. Ein weiterer Effekt dieses Steuerungsmechanismus ist sein komfortables Handling, das sich vor allem beim Schwebeflug über der Wasseroberfläche auch unter Schwerwetterbedingungen positiv auswirkt. Beim Einsatz des Tauchsonars, das in verschiedenen Tiefen nach Unterwasserkontakten sucht, ein nicht zu unterschätzender Vorteil.

Ein integriertes Navigationssystem vernetzt GPS, einen Laserkreisel und einen Entfernungsmesser. Außerdem verfügt der Sea Tiger über GPS-gestützte IFR-Navigationsfähigkeiten zur Teilnahme am zivilen Luftverkehr, einen hochmodernen Direction Finder, vier V/UHF-Funkgeräte inklusive SatCom, ein AIS- System zur Identifizierung von Schiffen sowie deutschen Behördenstandards entsprechende Tetra-Funkgeräte.

Für sein maritimes Operationsumfeld ist der Sea Tiger mit einer umfangreichen Sensorik ausgestattet. Dazu gehört das European Naval 360-Grad-Seeraum-Überwachungsradar mit einer Reichweite von über 150 Meilen. Es kann in der Betriebsart Inverse Synthetic Aparture Radar Überwasserkontakte schematisch abbilden und klassifizieren. Neu ist auch die Möglichkeit, die Radartransponder von Luftfahrzeugen abzufragen und die Informationen im Missionssystem darzustellen. Hinzu kommen ein elektrooptisches System mit Video-Kamera sowie ein Infrarotsensor mit Laserentfernungsmesser zur exakten Positionsbestimmung eines Kontakts. Eine Anlage zur Erfassung und Identifizierung von elektromagnetischen Ausstrahlungen einschließlich der Radarwarnfunktionalität ist ebenfalls vorhanden. Die taktische Konsole verarbeitet die Sensordaten und tauscht diese mit anderen Schiffen und Flugzeugen der Flotte aus.

Zwei Wellenturbinen vom Typ Turbomeca RTM 322-01/9, bei denen eine zweistufige Niederdruckturbine auf die Abtriebswelle wirkt, fungieren als Antrieb. Das Triebwerk wurde von Rolls-Royce speziell für die Verwendung in Helikoptern entwickelt. Es leistet in seiner doppelten Bestückung 4520 PS und ermöglicht dem Sea Tiger eine maximale Geschwindigkeit von 296 Stundenkilometern.

Wie die Sea Lynx verfügt auch der neue Bordhubschrauber über die Fähigkeit, gegnerische Unterwasserziele mit modernen MU 90-Torpedos zu bekämpfen. Auch die Integration vom leichten Seeziel-Flugkörpern ist beauftragt und somit Teil des Projekts, wobei die Beschaffung der Munition ein separater Prozess ist. Für die Abwehr von Angreifern – vornehmlich bei Boarding-Einsätzen – sind zwei schwere Maschinengewehre M3M im 12,7-mm-Kaliber mit wenigen Handgriffen einrüstbar. Als passive Schutzkomponenten werden an Bord der Marine-NH 90 Chaff- sowie Flare-Täuschmittel genutzt.

Vielfältige Aufgabenstellung

Bei der 3. Staffel des MFG 5 ist die primäre Aufgabe des NH 90-Bordhubschraubers wie bislang bei der Sea Lynx gewichtet: Der Sea Lion wird als Bordhubschrauber der Fregatten für die Aufgaben U-Boot-Bekämpfung und Seeraumüberwachung zum Einsatz kommen. Hinzu kommen SAR- und taktische Transportaufträge im Rahmen von Flottenverbänden sowie das Verbringen von Boardingteams und die Teilnahme an Evakuierungsmaßnahmen. Je nach Missionszweck können verschiedene Rüstrollen von den Soldaten der Technischen Staffel bereitgestellt werden – Unterwasser-Tauchsonare, passive Sonarbojen, Bewaffnung mit Torpedos, Flugkörpern und Maschinengewehren sowie Außenlastgeschirr und Bergewinde.

Der Sea Tiger kann landgestützt sowie von Bord einer Fregatte der Brandenburg/F 123-, Sachsen/F 124- oder Baden-Württemberg/F 125- Klasse operieren, ebenso auf den drei Einsatzgruppenversorgern der Berlin/EGV 702-Klasse. Für die spezielle Verwendung auf den schwimmenden Plattformen besitzt der Helikopter ein sogenanntes Deck Lock, um sich auf den Flugdecks zu sichern. Hinzu kommt ein automatisch faltbarer Rotor zum Parken im Bordhangar.

Das Waffensystem NH 90 ist ungleich komplexer als die Sea Lynx Mk 88A. Die Bedienung des Missionssystems ist an jedem Arbeitsplatz im Helikopter möglich. So können die vielfältigen Aufgaben von mehreren Besatzungsmitgliedern gleichzeitig oder wechselseitig bearbeitet werden. Je nach Aufgabenstellung sind neben dem Piloten ein bis drei weitere Operateure notwendig, um den Sea Tiger effizient einzusetzen. Am unteren Ende der Leistungsskala steht dabei ein Transportflug an Land, tagsüber und ohne Bedrohungslage. Hier reicht eine Besatzung von drei Soldaten aus, um lediglich eine Navigationsroute abzufliegen. Am oberen Ende des Spektrums steht ein taktischer Sonareinsatz von Bord einer Fregatte aus, nachts bei schwerer See und unter feindlicher Bedrohung. Hier sind vier Personen notwendig, um ein Luft-, Überwasser- und Unterwasserlagebild zu erstellen sowie schnell auf Lageänderungen zu reagieren. Und das Ganze in ständiger Kommunikation mit der Fregatte, dem waffentragenden Sea Tiger und möglicherweise Dienststellen an Land. Dementsprechend muss

Tiger und Lion sind optisch und technologisch identisch, unterscheiden sich aber in den Missionsausrüstungen stark voneinander.

Die Ablösung der Sea Lynx durch den NH 90 Sea Tiger soll im Herbst 2025 eingeleitet werden.

Technische Daten der NH 90 Sea Tiger

Entwicklung	NH Industries, Deutschland, Frankreich, Italien, Niederlande
Hersteller	Airbus Helicopters, Donauwörth
Typ	NH 90 NFH/Sea Tiger
Erstflug	18. Dezember 1995
Gebaut ab	2001
Stückzahl	ca. 400 (10/2019)
Stückzahl (Deutsche) Marine	geplant 31
Motor	2 x Rolls-Royce Turbomeca-Wellenturbinen RTM 322-01/9
Dauerleistung (kW/PS)	2 x 1662/2260
Notleistung 30 sek (kW/PS)	2 x 2172/2953
Höchstgeschwindigkeit (km/h)	296
Marschgeschwindigkeit (km/h)	260
Reichweite (km)	980
Dienstgipfelhöhe (m)	6000
Rumpflänge (m)	16,13
Gesamtlänge (m)	19,56
Höhe bis Rotorkopf (m)	4,20
Durchmesser Hauptrotor (m)	16,30
Durchmesser Heckrotor (m)	3,20
Max. Startmasse (kg)	11 400
Leermasse (kg)	6400
max. Außenlast (kg)	4200
Nutzlast in der Kabine (kg)	2500
Besatzung	mind. 3 + max. 14 Passagiere

die Zusammensetzung der Besatzung flexibel und fachlich qualifiziert sein, um die verschiedenen Missionsanforderungen abdecken zu können.

Der NH 90 Sea Tiger bringt viele neue Fähigkeiten und erhebliches Potenzial für die Zukunft mit sich. Seine deutlich modernere Sensor-, Effektor- und Missionsausstattung ermöglichen die Erarbeitung neuer fliegerischer und taktischer Verfahren, verbunden mit einer deutlichen Erhöhung des Kampfwerts gegenüber der Sea Lynx. Durch die Ähnlichkeit der beiden Versionen Lion und Tiger ergeben sich zudem operativ und technisch-logistisch sinnvolle Synergien.

Ihre Größe ist wohl der gravierendste Unterschied zwischen der 83+05 und der 83+17.

Wenn der Pilot am Boden steht – Sea Lynx en miniature

Nur für wenige privilegierte Zeitgenossen ist ein Arbeitsplatz an Bord einer Sea Lynx greifbar. Überhaupt ist der Erwerb einer Hubschrauberlizenz – egal ob militärisch oder zivil – ein langer und steiniger Weg. Aber wem der Weg ins Cockpit nicht gelingt, der legt sich seinen Heli kurzerhand ein paar Nummern kleiner zu – als Modell für die Vitrine oder flugfähig und ferngesteuert.

Zwar hat Marcus Landwehr – Jahrgang 1976 – niemals ernsthaft den Beruf des Hubschrauberpiloten in Erwägung

Lynx-Bausätze in verschiedenen Maßstäben sind im Fachhandel bereits für kleines Geld zu haben.

gezogen. Doch für Flugzeuge und Modellbau entwickelte der Niedersachse schon als Kind eine ausgeprägte Leidenschaft.

Als in den 80er-Jahren das Fliegen mit ferngesteuerten Hubschraubern als Königsklasse der Modellfliegerei aufkam, war der junge Mann mit dabei. Heute ist er überregional in der Szene präsent und bekannt. Vier Helikopter, drei kerosinbefeuerte Jets mit echten Turbinen sowie ein halbes Dutzend Flächenflieger umfasst seine flugfähige Luftflotte – das Prunkstück darunter ist die 83+05 aus der 3. Staffel des MFG 3.

Warum gerade die Sea Lynx? „Das ist einfach erklärt“, lacht Marcus Landwehr. „Ich war als Wehrpflichtiger selber Marineflieger und zwar als Fluggerätemechaniker beim MFG 5 in Kiel-Holtenau. Die Grundausbildung durchlief ich zuvor bei der Marinetechnikschule in Parow bei Stralsund, wobei ich mit meinen Kameraden wochenlang im Rahmen der Flutkatstrophe an der Oder im Hilfseinsatz war.

Und in Holtenau hatte ich dann intensiv mit der Sea King zu tun ... am Boden und oftmals auch in der Luft. Hinsichtlich meiner modellbauerischen Ambitionen war damit natürlich klar, ein Hubschrauber der Marineflieger musste her!“

Lynx aus dem Baukasten

Die Entscheidung für den Lynx wurde ihm praktisch abgenommen, da es weltweit am Markt kein fernsteuerbares Sea King-Modell gab. Also her mit einem Bordhubschrauber nach dem Vorbild aus dem Hause Westland. Der wird nämlich bis heute als Scale-Modell von der Firma Vario Helicopter im unterfränkischen Gräfendorf angeboten. Maßstab 1 : 8, 1,70 Meter lang, Rotordurchmesser 1,60 Meter und flugfähig knapp 7 Kilogramm schwer. Eine ganz schöne Wuchtbrumme, wenn sie denn erstmal fertiggebaut ist. Der Baukasten enthält den aus acht Teilen bestehenden unlackierten GFK-Rumpf, der auf ein zuvor zu bauendes Spantengerüst einzuharzen ist. Hinzu kommen das gefederte Dreibein-Fahrwerk, die Scheiben sowie diverse Kleinteile. Nachgebildet wird relativ nah am Original der Bauzustand Mk 88/HAS.Mk.2 von Westland.

An diesem Punkt scheiden sich für den Modellbauer die Wege. Er muss festlegen, ob das gute Stück später einmal fliegen oder ein Schaustück werden soll. Außerdem kann er sich eine konkrete Maschine mit einem individuellen Rüstzustand zum Vorbild nehmen.

Dieses statische Modell der 83+25 hängt im Treppenhaus des Simulator-Trainingszentrums des MFG 3 „Graf Zeppelin“.

Da gibt es jede Menge Gestaltungsspielräume hinsichtlich des Rumpfdesigns, der Details und der Lackierungsvarianten. Man kann einen der 26 Sea Lynx der deutschen Marineflieger in den Versionen Mk 88 oder 88A bauen, ebenso eine spezielle Variante der Royal Navy oder der Malysischen Marine, nur um zwei Möglichkeiten zu benennen.

Entscheidet man sich für eine flugfähige Ausführung mit Fernsteuerung, so hat der Anbieter reichlich Zubehör zur Installation der komplexen Technik im Programm – auch Ersatzteile, sollte es mal Bruch geben. Die erforderliche Elektronik gibt es im Fachhandel und kann je nach Präferenzen und Geldbeutel individuell zusammengestellt werden.

Antrieb und Steuerung komplett ersetzt

Der Zufall spielte Marcus Landwehr bei seinem Lynx-Projekt in die Karten: Ein Bekannter aus der Modellfliegerszene besaß eine bereits fertig gebaute Maschine von Vario Helicopter: „Allerdings nur stark eingeschränkt flugtauglich, weil die analoge Antriebs- und Steuerungstechnik zu schwach ausgelegt war. Ich konnte ihm das Modell für einen moderaten Betrag abkaufen und habe es anschließend komplett entkernt. Den anschließenden Neuaufbau habe ich mit modernsten digitalen Komponenten vorgenommen – E-Motor, Servos, Akkus, Regler, Empfänger, Kabel, Mechanik und das stabilisierende Flybarless-System ... alles neu.“ Abschließend gab er seiner Lynx in optischen Details aufwendig den letzten Feinschliff. Klingt alles recht entspannt, hat aber in der Realität rund 150 Arbeitsstunden und den Gegenwert eines Motorrollers gefressen. Belohnt wurde das Engagement mit einem vollkommen problemfreien Testflug.

Geflogen wird das Abbild der 83+05 nur bei perfekter Witterung. Zu groß ist die Angst seines Besitzers vor einer unsanften Landung mit ebenso hässlichen wie teuren Bruchschäden. Start und Landung erfolgen dann auf dem Modellsportgelände des MFC Buschpiloten e.V. in Melle, an dessen alljährlich stattfindenden Flugtagen der Sea Lynx eine prominente Rolle zufällt. Übrigens, da das Modell mehr als fünf Kilogramm Gewicht auf die Waage bringt, darf damit nicht einfach vom Garten oder der grünen Wie-

Marcus Landwehr mit dem 1,70 Meter langen Flaggschiff seiner Luftflotte.

se aus in den Luftraum gestartet werden. Dies ist nur auf einem dafür ausgewiesenen Flugsportgelände erlaubt. Der Pilot am Boden benötigt außerdem gemäß Luftverkehrsordnung einen zertifizierten Kenntnisnachweis sowie eine spezielle Haftpflichtversicherung.

Traum vom NH 90 Sea Lion

Aus Anlass des Jubiläums „40 Jahre Sea Lynx" waren Marcus Landwehr und seine 83+05 vom MFG 3 zu einem Besuch auf dem Stützpunkt Nordholz eingeladen. Neben einer Fotosession mit dem Modell und der 83+17 stand eine Besichtigung des Fliegerhorstes auf dem Programm. Auch konnte er die echte 83+05 im Detail inspizieren, die sich gerade zur turnusgemäßen Überholung in der Flugwerft befand. So manches Detail daran fotografierte der Enthusiast, um es bei seinem Modell in naher Zukunft nachzurüsten. Dabei steht das bislang noch fehlende Radom für die Antenne des Seaspray-Rundumradars, montiert an der Unterseite des Rumpfbugs, ganz oben auf seiner To-do-Liste.

Was passiert danach, gibt es weitere Projekte? „Tatsächlich habe ich die Vision, die 83+05 noch einmal richtig zu toppen", lässt sich Marcus Landwehr in die Karten schauen. „Und zwar mit einer NH 90 Sea Lion, also der SAR-Version in der Sea King-Nachfolge. Ich habe einen Anbieter ausgemacht, der einen Rumpfbausatz mit einer Länge von sagenhaften zwei Metern in Kleinserie auflegen will. Wenn alles klappt, wird das mein Meisterstück werden. Mit Turbinenantrieb, wie sie die echte Maschine hat. Doch der Weg der Realisierung ist extrem lang."

83+05 startklar in Nordholz, doch der Tower verweigerte die Genehmigung zum Abheben.

Links:
Die Detailtreue setzt sich im Cockpit des Modell-Helis fort …

… während die Kabine mit Elektronik vollgestopft ist.

Selbst an die im Echtbetrieb unverzichtbaren Luftraumkarten wurde gedacht.

Ganz dicht am Original: Heckpartie mit dem Vierblattrotor.

DANGER
83

Sea Lynx-Stammbuch der Deutschen Marineflieger

In drei Losen orderte das Bundesministerium für Verteidigung zunächst 19 Exemplare des Westland Sea Lynx mit der Typbezeichnung Mk 88. Ab 1981 wurden die Maschine schrittweise an die Bundesmarine ausgeliefert und von der 3. Staffel des MFG 3 in Nordholz in Dienst gestellt. 1989 war dieser Prozess abgeschlossen. 1996 folgten sieben weitere Exemplare in der modifizierten Version Mk 88A. Ab 1998 wurden die älteren Mk 88-Modelle auf Mk 88A-Standard hochgerüstet. Vier Maschinen gingen zwischen 1993 und 2000 bei Flugunfällen verloren.

Hier eine bebilderte Ahnentafel – Stand Mai 2023 und ohne Anspruch auf Vollständigkeit – mit den individuellen Basisdaten, chronologisch nach den Kennungen sortiert. Bei den teils lückenhaft dokumentierten Werksnummern sind bei einigen Maschinen zwei Zahlen aufgeführt, was seinen Grund jeweils in der Kennzeichnung vor und nach dem Umbau auf den Mk 88A-Standard hat. Die genannten Betriebszeiten beinhalten ausschließlich die Flugstunden der Mk 88A-Versionen.

83+01, Werksnummer 220, Erstflug 26. Mai 1981, geliefert 9. September 1981, Anmerkungen: Flugunfall bei SAR-Einsatz am 3. Dezember 1993, Kollision mit Hochspannungsleitung, Maschine Totalverlust, 2 Tote, 3 Verletzte.

83+02, Werksnummer 223/422, Erstflug 18. Juni 1981, geliefert 27. April 1983, Übernahme Luftwaffe zum Umbau 27. August 2003, Stückprüfung Mk 88A 12. November 2003, Betriebszeit 2851:15 h, Anmerkungen: Sicherheitslandung am 4. Februar 2000 nach Baumberührung und Schäden am Rotor auf dem Truppenübungsplatz Altenwalde

83+03, Werksnummer 225/404, Erstflug 16. Juli 1981, geliefert 10. September 1981, Übernahme Luftwaffe zum Umbau 22. Dezember 2001, Stückprüfung Mk 88A 7. November 2001, Betriebszeit 2662:05 h, Anmerkungen: Erste Verladeübung mit Transall am 11. Januar 1984, Erprobung neuer Rotorblätter im Mai 1993

bundeswehr.de

83+04, Werksnummer 231/427, Erstflug 15. August 1981, geliefert 15. September 1981, Übernahme Luftwaffe zum Umbau 19. März 2003, Betriebszeit 3241:20 h, Anmerkungen: Flugunfall am 18. März 1988 südlicher Rollweg Nordholz

83+05, Werksnummer 246/419, Erstflug 2. März 1982, geliefert 6. April 1982, Übernahme Luftwaffe zum Umbau 2. Oktober 2002, Stückprüfung Mk 88A 16. Dezember 2002, Betriebszeit 3061:00 h, Anmerkungen: BHS bei der Indienststellung der Fregatte „Bremen“ am 7. Mai 1982, Rotorschaden nach Kollision mit der britischen Fregatte „Montrose“ und der „Emden“ am 21. April 2001 während Basic Operation Sea Training

83+06, Werksnummer 252/414, Erstflug 16. April 1982, geliefert 10. Mai 1982, Übernahme Luftwaffe zum Umbau 20. Juli 2002, Stückprüfung Mk 88A 27. Mai 2002 Betriebszeit 2927:50 h

83+07, Werksnummer 258/421, Erstflug 27. Mai 1982, geliefert 21. Juni 1982, Übernahme Luftwaffe zum Umbau 29. Januar 2003, Stückprüfung Mk 88A 11. April 2003, Betriebszeit 1813:45 h

83+08, Werksnummer 261, Erstflug 29. Juni 1982, geliefert 16. Juli 1982, Anmerkungen: 30. Oktober 1999 Absturz im Mittelemeer südlich von Sizilien, Fregatte „Augsburg“ während SNFM, Maschine Totalverlust, ein Toter und zwei Verletzte

83+09, Werksnummer 263/412, Erstflug 11. August 1982, geliefert 2. September 1982, Übernahme Luftwaffe zum Umbau 22. Mai 2001, Stückprüfung Mk 88A 26. Februar 2002, Betriebszeit 2142:45 h, Anmerkungen: erster SAR-Einsatz am 14. Januar 1993 bei der Suche nach Überlebenden der bei Rügen gekenterten Fähre „Jan Heweliusz“, 2006 Sonderlackierung anlässlich des 25-jährigen Bestehens der 3. Staffel der Fliegenden Gruppe und des Flugtags des Verbands nach einem von Kapitänleutnant Daniel Walther entwickelten Design

83+10 Werksnummer 266/429, Erstflug 3. September 1982, geliefert 23. September 1982, Übernahme Luftwaffe zum Umbau 28. Mai 2003, Stückprüfung Mk 88A 2. Oktober 2003, Betriebszeit 2466:10 h

83+11, Werksnummer 269, Erstflug 18. Oktober 1982, geliefert 28. Oktober 1982, Übernahme Luftwaffe zum Umbau 14. Februar 2002, Stückprüfung Mk 88A 16. September 2002, Betriebszeit 3161:40 h

83+12, Werksnummer 272/428, Erstflug 19. November 1982, geliefert 14. Januar 1983, Übernahme Luftwaffe zum Umbau 23. Oktober 2002, Betriebszeit 3397:35 h

83+13, Werksnummer 326/423, Erstflug 15. Februar 1986, geliefert 9. Oktober 1986, Übernahme Luftwaffe zum Umbau 25. September 2002, Stückprüfung Mk 88A 5. Dezember 2002, Betriebszeit 2518:20 h

83+14, Werksnummer 327, Erstflug 24. Januar 1986, geliefert 6. November 1986, Anmerkungen: 16. Februar 2000 Absturz im Mittelemeer südlich von Sizilien, Fregatte „Niedersachsen“ während Counter Drugs Operation in der Karibik westlich der Niederländischen Antillen, Maschine Totalverlust, keine Verletzten

83+15, Werksnummer 341/430, Erstflug 19. Juli 1988, geliefert 5. August 1988, Übernahme Luftwaffe zum Umbau 10. April 2003, Stückprüfung Mk 88A 20. August 2003, Betriebszeit 2492:40 h

83+16 Werksnummer 342, Erstflug 13. März 1988, geliefert 8. August 1988, Anmerkungen: 30. Januar 1994 Absturz vor der brasilianischen Küste, Fregatte „Bremen“ während DESEX 1/94, Maschine Totalverlust, keine Verletzten

83+17, Werksnummer 343/415, Erstflug 26. März 1988, geliefert 7. Oktober 1988, Übernahme Luftwaffe zum Umbau 20. Juli 2001, Stückprüfung Mk 88A 26. Juni 2002, Betriebszeit 2707:25 h

83+18, Werksnummer 344/420, Erstflug 5. Juni 1988, geliefert 16. Dezember 1988, Übernahme Luftwaffe zum Umbau 29. Juli 2002, Stückprüfung Mk 88A 31. Oktober 2002, Betriebszeit 2777:50 h

83+19, Werksnummer 345/413, Erstflug 25. Juni 1988, geliefert 1. Februar 1989, Übernahme Luftwaffe zum Umbau 20. Juli 2001, Stückprüfung Mk 88A 15. April 2002, Betriebszeit 3369:15 h

83+20, Werksnummer 388, Erstflug 5. Juli 1999, geliefert 12. April 2000, Übernahme Luftwaffe 10. November 1999, Stückprüfung 11. April 2000, Betriebszeit 2983:25 h, Anmerkungen: 2013 Sonderlackierung „100 Jahre Marineflieger“

ndeswehr.de

83+21, Werksnummer 389, Erstflug 13. Juli 1999, geliefert 12. April 2000, Übernahme Luftwaffe 19. November 2000, Stückprüfung 10. April 2000, Betriebszeit 1961:15 h

83+22, Werksnummer 391, Erstflug 16. September 1999, geliefert 30. März 2000, Übernahme Luftwaffe 26. November 1999, Stückprüfung 29. März 2000, Betriebszeit 2821:25 h

83+23, Werksnummer 392, Übernahme Luftwaffe 11. April 2002, Stückprüfung 22. März 2001, Betriebszeit 3572:25 h

83+24, Werksnummer 394, Erstflug 29. November 1999, Übernahme Luftwaffe 26. Januar 2000, Stückprüfung 3. April 2000, Betriebszeit 2210:00 h

83+25, Werksnummer 396, Übernahme Luftwaffe 20. April 2000, Stückprüfung 20. Dezember 2000, Betriebszeit 2930:55 h

83+26, Werksnummer 397, Übernahme Luftwaffe 3. Mai 2000, Stückprüfung 22. November 2000, Betriebszeit 2352:55 h, Anmerkungen: 2022 Sonderlackierung 40 Jahre Sea Lynx nach Designvorschlägen der Technischen Staffel Mk88A und der 3. Fliegenden Staffel

Die Autoren

Ulf Kaack, 1964 in Neumünster geboren, lebt und arbeitet im niedersächsischen Dorf Möhlenhof südlich von Bremen. Nach seinem Marketing-Studium war er für verschiedene Unternehmen als PR-Experte, Pressesprecher und Chefredakteur tätig. Er ist Journalist und Autor von über 50 Büchern. Seine bevorzugten Themen entstammen der Luft- und Seefahrt, der historischen Landtechnik sowie der Automobilgeschichte. Aus seiner Feder stammen verschiedene maritime Titel über die Geschichte der Reichs- und Kriegsmarine, der Deutschen U-Bootwaffe, der Bundesmarine, der Deutschen Marine, der Volksmarine der DDR und der Marineflieger. Er hat die Historie der „Gorch Fock" und ihrer Schwesterschiffe untersucht, sich außerdem in mehreren Bänden detailliert der Arbeit und den Seenotkreuzern der Deutschen Gesellschaft zur Rettung Schiffbrüchiger gewidmet. 2012 wurde Ulf Kaack für sein Werk „Borgward – Das Kompendium" auf der Frankfurter Buchmesse mit dem ADAC-Autobuch- Preis ausgezeichnet. Er ist zudem als Autor für Fachzeitschriften, Magazine und Zeitungen innerhalb der eingangs genannten Genres regelmäßig tätig.

Sönke Nielsen kam 1964 in Husum zur Welt. Er gehört zu den „alten Hasen" unter den Sea King-Piloten des MFG 5. Nach seinem Eintritt in die Bundesmarine 1985 absolvierte er seine Ausbildung zum Luftfahrzeugführer. Drei Jahrzehnte lang war das Cockpit der Sea King sein Arbeitsplatz, mehr als 5500 Stunden auf diesem Baumuster verzeichnet sein Flugbuch. Seine zweite Leidenschaft neben der Fliegerei gilt der Fotografie. Klar, dass dabei häufig die Sea King als Motiv herhalten musste, genoss er doch als Pilot beim MFG 5 das Privileg der besten Perspektive. Zu Sönke Nielsens Aufgabenbereichen gehörte zwischenzeitlich die des Presseoffiziers. Das journalistische und schreiberische Handwerk ist ihm also alles andere als fremd. Zahlreiche Essays in marine- und luftfahrtspezifischen Publikationen hat er verfasst. Seine Fotos sind weltweit gedruckt worden. In mittlerweile sieben Ausstellungen präsentierte er einem breitem Publikum sein Schaffen als Fotograf, das sich nicht nur allein auf die Fliegerei reduziert. Außerdem veröffentlicht er seit vielen Jahren den im Kreis von Enthusiasten begehrten Sea King-Kalender.

Zum Schluss ein herzliches Dankeschön ...

... zu allererst an Fregattenkapitän Markus Gawlitza, der uns nicht nur ein ausgesprochen authentisches Kapitel aus eigener Feder zukommen ließ, sondern auch Kontakte herstellte und mit fachlichem Rat stets zur Seite stand – nicht selten per WhatsApp aus dem Indopazifik, dem Nordmeer oder dem Atlantik.

... außerdem bei den uns unterstützenden Marinefliegern, in Persona Korvettenkapitän Tabea Zachau, den Kommodore des MFG 5 Fregattenkapitän Carsten Holtgreve, Fregattenkapitän David Seemann, Fregattenkapitän a.D. Dieter Sandforth, Kapitänleutnant Torsten Junker, Kapitänleutnant Christoph Seidel, Kapitänleutnant Marcus Sievertsen, Kapitänleutnant André Wiegleb, Kapitänleutnant Fabian Würtz, Oberstabsbootsmann Ole Francke, Oberstabsbootsmann Lars Kroggel, Oberstabsbootsmann Fabian Schüler, Hauptbootsmann Roy Förster, Hauptbootsmann Paul Paatz, Obermaat Lars Funk ... und Kapitän zur See a.D. Eduard Wismeth, Kommodore des MFG 3 „Graf Zeppelin“ bei Indienststellung der 3. Staffel und ihrer Sea Lynx-Hubschrauber.

Großen Dank schulden wir der Besatzung der Fregatte „Bayern“ für die Gastfreundschaft, insbesondere ihrem Kommandanten Fregattenkapitän Dennis Fauerbach und Helicopter Controller Oberstabsbootsmann Magnus Bamberger für die guten Gespräche.

Herzlichen Dank an die wissenschaftliche Leiterin Dr. Anja Dörfer, den Archivar Peter Brandt und den Sammlungsleiter des Archivs Alexander Cordes vom Aeronauticum in Nordholz sowie Obermaat Julia Kelm, Oberleutnant zur See Volker Muth und Stabsbootsmann Dirk Heuer vom Marinekommando PIZ, Außenstelle Nordholz. Die langjährige Zusammenarbeit klappte einmal mehr perfekt.

Gedankt für die Unterstützung dieses Buchprojekts sei weiterhin Alexander Burden vom Motorbuch Verlag, Frank Adam, Edgar Fischer, Harald Focke, Jürgen Kuhlmann, Peter Kurze, Ralf Michel, Manuel Miserok und – last but not least – Horst Pawlikowski, unserem phänomenalen Grafiker.

Ulf Kaack
im Mai 2023

Sönke Nielsen

Glossar

AAW – Anti-Aircraft Warfare = Flugabwehr
AFCS – Automatic Flight Control System = Automatisches Flugunterstützungssystem
AHD – Airbus Helicopters Deutschland
AIS – Automatic Identification System = Automatisches Identifikationssystem
ASW – Anti-Submarine Warfare = Bekämpfung von U-Booten
ASUW – Anti-Surface Warfare = Bekämpfung von Überwasserzielen
ATALANTA – EU-Mission zur Piratenabwehr vor der Küste Somalias
Autorotation – vom Fahrtwind angetriebene Drehung des Hauptrotors, beispielsweise bei einem Antriebsausfall
Avionik – Gesamtheit der elektrischen und elektronischen Geräte in einem Luftfahrzeug
BALTOPS – Baltic Operations = internationales maritimes Großmanöver
BERP – British Experimental Rotor Programme
BHS – Bordhubschrauber
Boarding-Team – Einsatzsoldaten zur Erkundung fremder Boote und Schiffe
Briefing/Debriefing – Vor-/Nachbesprechung
CODOG – Combined Diesel Or Gas = Schiffsantriebssystem mit Dieselmotoren und Gasturbinen
Collective – Kollektivverstellhebel für Steigen, Sinken und Schwebeflug
Crew Chief – Leiter der Technikcrew während einer Einschiffung
Cyclic – Steuerhebel zur zyklischen Blattverstellung
Danger Area – Übungsluftraum mit Schießbetrieb
DESEX – Destroyer Exercise, internationales Seemanöver
Ditchen – Auftreffen auf die Wasseroberfläche
Downwash – technischer Abwind durch die sich drehenden Rotorblätter
ELVA – Emergency Low Visibility Approach = Notverfahren beim Anflug unter schlechten Sichtbedingungen
EMS – Emergance Medical Service = medizinisches Rettungsequipment für Luftfahrzeuge
FDO – Flightdeck Officer
Feet – Fuß, Längenmaß, 1 ft = 0,3048 m
Ferry Tank – Zusatztank
FLIR – Infrarotkamera
FOST – Flag Officer Sea Training
GOST – German Operational Sea Training
Grid – Rundes Gitter auf dem Flugdeck zum mechanischen Arretieren der Harpune
HC – Helicopter Controller
HFO – Hubschrauberführeroffizier
HGA – Hubschrauberführergrundausbildung
HEO – Hubschraubereinsatzoffizier
HLM – Hubschrauberleitmeister
HOM – Hubschrauberortungsmeister, int: Operator
Hovern – Schwebeflug
IETD – Interaktive elektronische technische Dokumentation
IFF – Freund-Feind-Erkennungssystem
JLSTE – Joint Lynx Simulator Training Establishment = Sea Lynx-Simulator
JMC – Joint Maritime Course, internationales Seemanöver
JÜEP – Jahres Übungs- und Einsatzplan
Knoten – Geschwindigkeitsmaß, 1 kn = 1,852 km/h
LFK – Lenkflugkörper
LTO – Luftfahrzeugtechnischer Offizier
MAD – Magnetic Anomaly Detector = Unterwasser-Ortungssystem
MPA – Maritime Patrol Aircraft = Seefernaufklärer
Mayday-Call – Notruf per Sprechfunk
Operation Enduring Freedom – internationale militärische Großoperation gegen Terrorismus
Operation Sharp Guard – Seeblockade gegen Jugoslawien, Mission von NATO und WEU
OPZ – Operationszentrale
OTC – Officer in Tactical Command
Patch – Ärmelaufnäher
RDO – Runway Duty Officer = Flugfeld-Verkehrsleiter vom Dienst
SAR – Search and Rescue = Suche und Rettung
Seemeilen – Entfernungsmaß, 1 sm = 1,852 km
Sniffer – System zum Aufspüren von U-Boot-Dieselabgasen
STANAVFORLANT – kurz SNFL = Ständiger NATO Einsatzverband Atlantik
STANAVFORMED - kurz SNFM = Standing Naval Force Mediterranean
Torque – Drehmoment des Hauptrotors
Transducer – Sonar-Dom zur U-Bootortung
TVL - Technische Vorschrift Luftfahrtgerät
UNIFIL – Mission zur Kontrolle des Waffenembargos gegen den Libanon
USMC – United States Marine Corps
USW – Underwater Warfare = Unterwasser-Kriegsführung
Wave off – Signal des FDO an den Hubschrauber zum eigenständigen Operieren
Yard – Entfernungsmaß, 1 yd = 4 ft = 0,9144 m

MATTHIAS GRETZSCHEL
F122
DIE FREGATTEN DER BREMEN-KLASSE
EXKLUSIV BEI MITTLER
MATTHIAS GRETZSCHEL
F122
DIE FREGATTEN DER BREMEN-KLASSE
Mittler
€ (D) 39,95 / ISBN 978-3-8132-1123-8
Jetzt bestellen auf koehler-mittler-shop.de,
direkt im Buchhandel oder telefonisch
unter 040 / 70 70 80 322
SCAN ME
JETZT BESTELLEN!
Mittler
mittler-books.de

Die Harpune, eingerastet im Grid auf dem Flugdeck.

gen Südwesten laufen sollte. Ich meldete, dass ich kein Schiff sehe. Ob ich einen leichten weißen Streifen vor mir erkenne, fragte der IP von links und grinste. Webster feixte von achtern.

Ich meinte etwas zu erspähen, war mir aber nicht sicher. Doch da, ein dünner weißer Streifen. Das war die Hecksee, das Schiff fängt links da an, wo der Streifen aufhört. Logisch, dachte ich mir und schüttelte den Kopf. In welchen Kreis hatte ich mich hier hineingemeldet. Gefühlt Sekunden später Landechecks von links, Radar aus, Radverriegelung überprüft und aktiviert, Harpune verifiziert an. Das Ding wird mit einem Knopf am Collective hydraulisch ausgefahren und soll unsere Lynx gleich in dem dafür vorgesehenen Metall-Grid auf dem Flugdeck festrasten. Alle deutschen Schiffe haben so ein Grid. Es hält den Hubschrauber fest bis 17,5 Grad Rollbewegung.

Premiere mit erheblichem Stressfaktor

Ich wartete darauf, dass mein Lehrer die Kontrolle übernimmt und landet. Aber der dachte gar nicht dran, sagte mir stattdessen, ich solle exakt auf seine Anweisungen hören, er wolle mich durch die Landung coachen. Uff, natürlich – man hätte sich ja mal entspannen können. Die Winde wurden vom Radarleitmeister des Schiffes gegeben, 20 Grad von der roten, der Backbordseite her. 27 Knoten Fahrt lagen an und ich musste also auf die linke Seite des Flugdecks anfliegen. Und schon rein in den Sinkflug und Nase hochnehmen, um Fahrt abzubauen.

Das in meiner Welt nicht ganz ungefährliche Manöver ging in seine heiße Phase, Schweißperlen auf der Stirn. Dann stand die Maschine neben dem Flugdeck der „Niedersachsen“. Auf der Steuerbordseite erblickte ich den FDM, den Flugdeckmeister, mit ausgestreckten Armen, das Zeichen zum Schweben. Was macht das Schiff? Der Bug geht hoch, das achtere Deck nach unten, hier passiert gleich was. Das Deck rollte auf mich zu. Der IP war noch ruhig und gefasst, anscheinend. Ich hingegen verkrampft wie noch nie, wollte offenbar den Stick und den Collective in meinen Händen auspressen wie eine Orange. Meine Beinmuskeln verkrampften von den Pedaleingaben.

Position halten, nicht überkontrollieren, nicht zu weit weg, Schiff geht runter, unser Lynx steht zu hoch, ich korrigiere nach unten. Flugdeck kommt runter, ich bin viel zu tief. Der FDM winkt fanatisch mit seinen Signalkellen nach oben. Absoluter Alptraum, ich merke nichts mehr, ich stehe nur verkrampft neben dem Schiff. Der FDM winkt mich mit einer Kelle über das Flugdeck, ich muss jetzt vor den Hangar, und der Preis des Versagens ist der Tod. Der bekannte Kloß im Hals ist schon lange da, aber jetzt erst nehme ich ihn wahr. Stick nach rechts, der Hubschrauber schiebt auf das Flugdeck. Irgendwer spricht, ich denke es ist mein IP. Keine Ahnung, was er sagt.

Meine Welt ist die Katastrophe, die vor mir liegt, der Hangar, bei dem das Tor geschlossen ist. Die Besatzung der Fregatte weiß schon warum. Verluste minimieren, wenn ich den Lynx in die Hangarwand schmiere. Der Hangar kommt näher, gefühlt müssten die Rotorblätter exakt jetzt einschlagen. Stick zurück, weg da, verdammte Scheiße ... Ich überkontrolliere, die Nase geht hoch, ich schwebe achterlich, werde das Grid nicht treffen... als ob das meine Sorge wäre in diesem Moment.

Sekunden vor der Landung ... die Hangarwand begrenzt den Spielraum nach vorne und erzeugt teils erhebliche Turbulenzen.

Sanft ist anders

Ich habe Augen wie eine Wühlmaus nach Waldbrand. Mein Leben ist Kubismus, ich sehe den Hangar in schrägen Winkeln – mal unter mir, mal auf dem Weg nach oben. Wann ist das hier um Gottes Willen vorbei? Keine offizielle Messung, aber ich habe einen Puls von 220. Doch auf einmal wird es ruhiger, irgendwie. Der FDM winkt drastisch nach unten zur Landung und wir schlagen auf dem Flugdeck ein. Westland sei Dank für dieses absolut wunderbare Fahrwerk der Sea Lynx, eines der beeindruckenden Merkmale britischer Ingenieurskunst. Die Lynx ist das Akme der Bordhubschrauber, agil und hart im Nehmen! Nichts kaputt, außer meinem Rücken. Mein linker Zeigefinger drückt den Harpunenrasterknopf, und, dem Universum sein Dank, das grüne Licht am rechten Instrumentenbrett geht an: Hubschrauber und Besatzung sind sicher auf dem Deck verriegelt.

Ich, nein, wir leben. Was war da gerade passiert? Leute eilten an die Maschine und befestigten die Nylon-Lashings, eine weitere Art der Befestigung. Irgendeiner sagte, wir sind nun mit der Kommunikationsanlage des Schiffes verbunden, dem Telebrief. Kap`tän Kniep fragte die Brücke nach dem Triebwerkstop, und die Frage wird umgehend zum Befehl: Triebwerkstop! Ich teste das Feuerwarnsystem, schalte die Zündschalter aus und gebe dem FDM ein kurzes Zeichen: Rotorstopp. Leistungshebel 1 zurück in Leerlauf, die Nf-Nadel auf dem Tripeltachometer läuft unter 70 Prozent. Ich lege den Schalter für das Hilfsgerätegetriebe am Overhead Panel auf ACC für Accessory Drive, eine Achtungsleuchte kommt an, das Magnetschauzeichen am Schalter springt von MAIN auf ACC. Mit der flachen Hand fahre ich mir über die Kehle, der FDM versteht, jetzt wird die Rotordrehzahl gleich geringer. Leistungshebel 2 zurück in Leerlauf, der Rotor läuft aus. Zeit stoppen, wir zelebrieren die Rolls Royce-Gedächtnisminute zum Herunterkühlen der Triebwerke.

Deckslandungen in schwerer See sind für den Piloten eine Herausforderung, regelmäßig trainiert – wie bei der 3. Staffel üblich – aber kein Hexenwerk.

Debriefing und Selbstreflektionen

Eine Minute später: Beide Leistungshebel auf Off, Kraftstoffpumpen aus, ab 30 Prozent Rotordrehzahl nutzen wir die Rotorbremse. Einmal gesetzt, geht eine Achtungsleuchte am Central Warning Panel, dem CWP, an und der Rotor steht in Sekunden. Wir sind an Deck und ich erinnere mich heiß, dass dies die Verheißung des Personalers war, der mir Seefahrt „versprochen" hatte, als ich zur Marine wechselte.

Im Debriefing in der Offiziermesse erfuhr ich später, dass ich das ganz gut hingekriegt hatte. Aber die eigentliche Landung hatte der IP gemacht, seine kleinen Inputs an den Kontrollen habe ich nicht bemerkt, so verkrampft war ich. Die Kontrollen wegnehmen wollte er mir jedoch auch nicht, dafür hatte ich die Katastrophe doch zu gut unter Kontrolle und er sah nicht den eigenen Tod vor Augen, anders als ich. Nun gab es Tipps für die nächsten Flüge und Zeit, das Ganze sacken zu lassen.

Nach dem Abstellen des Hubschraubers sollte ich erst einmal meinen Seesack auf Kammer bringen, quasi einziehen. Kammer, komischer Name für mein Hotelzimmer. Mir war bereits flau im Magen, denn die „Niedersachsen" rollte, stampfte und gierte durch die Deutsche Bucht. Mein Sinn für Referenzen war komplett auf Urlaub. Wie komme ich ins B-Deck? Ah, erst mal durch die achtere Schleuse, Schott auf, Schott schließen. Der Geruch im Schiff überwältigte mich und ich hätte fast gekübelt. Ein Potpourri von Mittagessen, kaltem Zigarettenrauch, Schiffsstahl, Abwasser und Schweröl empfing mich und zwang mich fast in die Knie vor Ekel.

Im Labyrinth aus Stahl

Doch weiter, ich war ein seefahrendes Nichts und hatte einen Auftrag. Den Niedergang hinunter ins Z-Deck, voraus an den Schiffsbetriebsräumen vorbei in Richtung OPZ und dann Niedergang in Abteilung 11 nach oben. Weiter an der Offiziermesse vorbei, ein Deck höher ins B-Deck. Das alles mit Tasche und Seesack. Ein paar Mal hätte es mich fast aus den Socken gehauen, kein Halt auf dem bockigen Schiff. Auf Kammer angekommen, breche ich erst mal zusammen und sitze eine halbe Stunde am Boden – würgend, ausgelaugt, mein Körper rebelliert. Wie soll ich das durchstehen? Was mache ich hier? Ei, was ist mir schlecht.

Ich muss noch meinen Bock bauen, sprich das Bett beziehen. In 30 Minuten ist das Debriefing in der Messe. Ich lerne zu fluchen, sonst nicht meine Art. Keine Ahnung wie ich die Aufgabe Bockbau gelöst habe, aber es ist eine gute Investition für die Nacht. Denn ich werde einfach in das Nichts hineinsinken und morgen wird der böse Traum vorbei sein. Der andere Bock ist schon fertig. Dort liegt mein Kumpel Maggus K. Auch Birk und Space sind als Landeschüler an Bord. Die Lehrer sind Stefan, Kim und Hoppi, plus der HEO. Korvettenkapitän K. Jack Daniels, heute ADAC-Pilot, ist als Staffelpilot dabei. Er will auch ein paar Stunden Bordflug abgreifen, aber wir Schüler haben natürlich Priorität.

Zunächst habe ich frei, so sagt es die Flugplanung, weil erst andere Kameraden ihre ersten Flüge machen. Wir Novizen bereiten täglich zwei Schulungsflüge vor, einen Tag- und einen Nachtsortie, oft im Parallelflugbetrieb mit beiden Bordhubschraubern gleichzeitig in der Luft. Ein gut durchdachter Flugbetrieb, hier weiß jeder, worauf er zu achten hat. Sicherheit an erster Stelle, gleich gefolgt von Auftragserfüllung. Eine geölte Maschinerie voller entspanntem Stolz und Selbstbewusstsein. Die Stunden werden geschrubbt.

Der Seegang wird ruppiger im Laufe der Woche, ab Mittwoch haben wir schon dreieinhalb, dann vier Meter Wellenhöhe. Mein Körper hat sich noch nicht an die Seefahrt gewöhnt, auch nicht an diesen Zigarettenrauch im Bauch des Schiffs. Zigarettenrauch plus Seegang sind mein Tod. Ich wünsche mir nichts sehnlicher, als fliegen zu gehen. Raus aus dem Schiff, in die Luft, freie Seeluft atmen, Ruhe vor dem Gewackel dieses Monsters.

Meinen ersten Tagesflug habe ich kaum hinter mir, da fangen die Lehrer auch schon wieder damit an, Anlagen auszuschalten: AFCS, Hydraulik, simulierter Triebwerkausfall. Checklisten abarbeiten, dabei genau fliegen, auch ohne Stabilisierungshilfe. Sie nehmen uns dazu auch noch die Trimmung weg – ja, auch die kann man ausschalten. Jetzt habe ich endlich mein langersehntes Huey-Gefühl, der hatte auch keine nennenswerte Stabilisierung. Die Mk.10-Anzüge sind immer nass vom Schweiß und haben nicht mal Zeit zu trocknen, obwohl wir zwei Sätze dabeihaben.

Das Leben an Bord der „Niedersachsen" forderte dem damaligen Kapitänleutnant einen gewissen Eingewöhnungsprozess ab.

Deckslandungen bei Nacht

Es kommen die Nachtlandungen. Man verzeihe mir meine wiederholten morbiden Floskeln, aber ich weiß nun wie es ist, wenn man stirbt. Man wird ganz ruhig und lässt das Unvermeidliche auf sich zukommen. Hatte ich bei meiner ersten Deckslandung am Montag 220 Puls, dann laufe ich jetzt im tiefroten Bereich. Relativer Start in der Nacht, wobei die Nase des Hubschraubers 50 Grad von der Vorausrichtung des Schiffes in den Wind zeigt. Stabilisieren über dem Deck, After-Take-Off-Checks, Stick nach links, Schiff im Auge behalten, das auf und nieder bockt. Der FDM winkt uns weg. Augen sofort auf die Instrumente, in die Dunkelheit, ins Nichts, 30 Fuß über der See.

Noch im Abflug schmeißt Stefan mir die AFCS raus, Flight Control Malfunction! Noch genauer fliegen. Wo ist das Schiff? Ich muss in den Gegenanflug, in den sogenannten Downwind, wir wollen ja landen. Sklavisch versuche ich 60 Knoten zu halten, anderes würde Stefan auch nicht akzeptieren. Wieder der vermaledeite Anflug im Sinkflug mit Fahrtreduzierung neben das Deck, in Richtung Wasser, und das alles im Gleitpfadanzeiger, der mir den Weg nach unten und zum Schiff weisen soll.

Der Kurs ist nach Rot 160 Grad gerichtet, gemessen von der Vorausrichtung der „Niedersachsen". Sehe ich gelb, bin ich zu hoch, das ist schlecht, denn ich habe keine Referenzen nah am Schiff, müsste abbrechen und neu anfliegen. Sehe ich rot, bin ich zu tief und auf dem Weg ins kalte Nass und einer Zukunft ohne Vorteil. Ich will und muss im grünen Bereich sein, aber das ist leichter gesagt als getan. Der

Farbenfroh illuminierte Instrumente weisen den Weg durch die Nacht.

GPA ist stabilisiert und gut sichtbar an der Oberkante des Hangars angebracht. Das Schiff übt Fregattenweitsprung in den aufgewühlten Wellen und ich sehe alle Farben im Gleitpfad – gelb, grün und rot, grün öfter als die anderen. Ich muss interpolieren.

Sinkrate passt, muss passen. Ich entspanne meine strapazierten Arme und versuche, die Geschwindigkeit des Hubschraubers zu kontrollieren. Die Maschine will wie ein Bronco ausbrechen. Fast muss ich lachen, denn Space, der durch dieselbe Hölle geht wie ich, hatte einen Ford Bronco in Whiting Field. Wie gefällt Dir das, mein Freund? Wie halten das die Fluglehrer nur aus? Die müssen auch noch quer durch das Cockpit schauen und sehen noch weniger als ich. Haben die ein blindes Gottvertrauen?

So kämpfe ich mich neben die tanzende Fregatte, verkrampfe beim Stabilisieren. Ich muss auf die BUM-Line, den Querstreifen auf dem Flugdeck. Auf dem muss mein Hintern sitzen, sonst bin ich zu weit vorn oder achtern. Der Stick wabert ohne AFCS und Trimmung in meiner Hand. Entkrampfen, entkrampfen. Was wollen die nur von mir? Was tue ich hier? Ich bin etwa 80 Meilen von Land, aber es könnte auch der Mond sein. Ich sitze auf der Line, der FDM winkt mich jetzt mit Leuchtstäben über das Deck.

Der Luftstrom über die Schiffsaufbauten verwirbelt hinter dem Hangar und zieht uns nach vorne Richtung ins Oblivion! Aber das weiß ich nun zu erwarten und auch Stefan hat wahrgenommen, dass ich dahingehend Fortschritte mache. Trotzdem hat er seine Hände nur Millimeter von den Controls, ist bereit, jederzeit einzugreifen. Die haben Nerven, diese Fluglehrer. Über dem Deck stabilisieren,

Rechts: Sekunden zwischen Anspannung und professioneller Routine.